# 激光支持吸收波二元等离子体的时空演化研究

赵 洋 著

中国原子能出版社

**图书在版编目（CIP）数据**

激光支持吸收波二元等离子体的时空演化研究 / 赵洋著. -- 北京：中国原子能出版社，2024. 10.

ISBN 978-7-5221-3717-9

Ⅰ. O534

中国国家版本馆 CIP 数据核字第 2024NE5492 号

激光支持吸收波二元等离子体的时空演化研究

| | |
|---|---|
| 出版发行 | 中国原子能出版社（北京市海淀区阜成路 43 号　100048） |
| 责任编辑 | 陈　喆 |
| 装帧设计 | 赵　明 |
| 印　　刷 | 北京天恒嘉业印刷有限公司 |
| 经　　销 | 全国新华书店 |
| 开　　本 | 787 mm×1092 mm　1/16 |
| 印　　张 | 7.125 |
| 字　　数 | 100 千字 |
| 版　　次 | 2024 年 10 月第 1 版　2024 年 10 月第 1 次印刷 |
| 书　　号 | ISBN 978-7-5221-3717-9　　　定　价　42.00 元 |

网址：http://www.aep.com.cn　　　E-mail：atomep123@126.com

发行电话：010-88828678　　　　　版权所有　侵权必究

# 作者简介

赵洋，女，1993 年生人，现任职于中北大学半导体与物理学院，讲师。2021 年获山西大学理学博士学位。

长期从事激光诱导击穿光谱（LIBS）基础及应用研究，主要包含激光诱导等离子体非线性效应、流体动力学研究和自吸收免疫激光诱导击穿光谱理论与技术研究。对高时空分辨的瞬态等离子体成像技术和光谱层析技术，以及对激光诱导等离子体结构及动力学特性、等离子体产生及演化过程中所涉及的自吸收效应、屏蔽效应、冲击波传播、特征参数及粒子波动等复杂物理过程进行了深入研究。以上研究为 LIBS 在煤质、水泥品质分析等工业领域的应用提供了理论和技术支撑。发表 SCI 论文 20 余篇，授权发明专利 4 项，主持国家自然科学基金 1 项、山西省基础研究计划 1 项。

# 前　言

　　激光诱导等离子体光谱（Laser-induced plasma spectroscopy，LIPS）又称为激光诱导击穿光谱（Laser-induced breakdown spectroscopy，LIBS），它是一种基于原子发射光谱的定量分析技术，具有快速、多元素同时分析、无须复杂样品制备等优点，在化工、冶金等工业过程监测领域具有广泛的应用潜力。LIBS 的光谱源是激光烧蚀样品材料诱导的、具有瞬态特性、寿命为微秒量级的等离子体，其辐射光谱包含了样品成分信息和含量信息。尽管时间分辨和门控检测可以极大地提高 LIBS 技术的分析表现，但 LIBS 光谱性能还与等离子体形态和空间不均匀性有关，会影响定量分析结果的准确性和重复性。因此，研究等离子体的形态、内部结构及其在环境气体中的膨胀演变过程有着重要意义。第一，深入理解激光和样品相互作用以及等离子体动力学等过程所涉及的复杂现象；第二，为理论模型提供实验验证的手段；第三，指导优化光学采集参数，为高灵敏高时空分辨 LIBS 定量分析的实现开辟新途径；第四，计算不同时刻等离子体中粒子数密度及吸收路径长度，探索自吸收效应产生和演化的机制，丰富自吸收免疫激光诱导击穿光谱（Self-absorption-free laser-induced breakdown spectroscopy，SAF-LIBS）理论；第五，为进一步优化激光诱导等离子体相关技术包括脉冲激光沉积、纳米材料制造、激光焊接等的应用奠定基础。

　　基于 LIPS 演化的复杂性，国际上许多研究者都使用简化模型或数值模拟描述纳秒激光诱导产生的等离子体在环境气体中的传播过程。然而，很少有实验数据能从物理原理层面出发，有效结合激光支持吸收波（Laser-supported absorption wave，LSA wave）的传播理论和粒子分布来阐明不同条件下等离子体粒子间的相互作用机制。

本书围绕 LIBS 等离子体时空演化的关键理论和技术问题，主要从以下两方面对作者多年的研究成果进行了总结：一是发展用于激光诱导等离子体演化研究的时空分辨技术，包括时空分辨光谱层析技术和等离子体瞬态成像技术；二是研究二元等离子体的时空演化机制。

首先，综述了 LIBS 的基本原理、发展历史、研究现状和应用瓶颈，介绍了等离子体时空演化的研究现状，回顾了激光诱导等离子体的物理过程。

其次，介绍了两种等离子体时空分辨技术的测量方案设计、光学分析方法、等离子体的局域热力学平衡判定方法、等离子体参数获取方法和自吸收校正方法。

最后，对易混溶和难混溶二元合金产生的激光诱导等离子体的结构和动力学演化进行了实验研究，讨论了不同 LSA 波等离子体的演化特征，如形态、粒子寿命、内部结构、粒子衰减速度等，并探索了等离子体中粒子分布与 LSA 波的关系，由此得出结论：难混溶合金产生的激光支持燃烧波型（Laser-supported combustion wave，LSC 波型）等离子体的粒子分布受组成元素熔点的影响较大，而易混溶合金产生的 LSC 波型等离子体的粒子分布则与元素沸点有关。无论是易混溶的还是难混溶合金，激光支持爆轰波型（Laser-supported detonation wave，LSD 波型）等离子体中粒子的分布只与相对原子质量有关。LSC 波型等离子体中粒子衰减速度在很大程度上与跃迁几率有关，而 LSD 波型等离子体中粒子衰减速度则与上能级的粒子数密度有关。

本书的创新之处：一是基于激光与等离子体相互作用的物理机理及激光支持吸收波二元等离子形态、结构及粒子分布的时空演化分析，结合等离子体组成元素的物理性质、等离子体特征参数、谱线跃迁结构、谱线属性，形成了不同传播类型的二元等离子体时空演化理论机制；二是发展了高时空分辨的瞬态等离子体成像技术和光谱层析技术，实现了精密分析不同时域和空间等离子体的形态、内部结构及等离子体参数，为等离子体、激光光谱等学科的相关时空分辨研究提供了新的技术手段。

本书由中北大学赵洋博士撰写，得到中北大学半导体与物理学院、中北大学电子科学与技术博士后流动站，量子光学与光量子器件国家重点实验室，山西大学激光光谱研究所等单位的鼎力支持。在本书的撰写过程中，山西大学尹王保教授、山西大学张雷教授、上海交通大学俞进教授、西安电子科技大学侯佳佳博士、湖北工程学院田志辉博士、太原师范学院王俊霄博士都给了作者很有价值的修改意见和支持，在此深表感谢！

本书所述研究成果得到国家自然科学基金委专项基金项目（6112707）、一般项目（61205216、61378047、61475093、61775125、61875108、61975103）、青年项目（12404467）、山西省基础研究计划项目（202103021223210）支持，在此表示衷心感谢！

本书撰写过程中引用了大量参考文献，这些文献研究成果为本书理论和方法提供了必要的基础理论和知识，从而使本书理论体系更加完善且经得起推敲，在此向所有被引文献作者谨表谢意！

由于水平有限及现代技术飞速发展，书中错漏或不足之处在所难免，恳请广大读者批评指正。

# 目 录

# 第 1 章

# 绪　　论

## 1.1　激光诱导等离子体光谱概述

目前，传统元素定量分析技术如 X 射线荧光光谱分析（X-ray fluorescence，XRF）、瞬发中子活化分析（Prompt-gamma neutron activation analysis，PGNAA）、电镜能谱分析（Energy dispersive spectroscopy，EDS）、电感耦合等离子体质谱（Inductively coupled plasma mass spectrometry，ICP-MS）和电感耦合等离子体发射光谱分析（Inductively coupled plasma optical emission spectrometer，ICP-OES）等[1-5]都存在一些缺点，如价格昂贵、体积大、操作复杂、测量时间长、需要样品制备、有辐射危害。因此急需一种新的分析方法，弥补上述传统方法的缺陷，为样品元素含量分析领域注入新的活力。

激光诱导等离子体光谱（LIPS）是一种有别于常规分析技术的新兴定量分析技术，通过用高能激光烧蚀少量样品，研究所产生的高温等离子体的发射光谱，得到样品中元素的成分及含量。LIPS 又被称为激光诱导击穿光谱（LIBS），这种方法不仅可以进行元素分析同时还可以分析同位素和分子。由于其可分析样品的范围广、种类多，包括块状、层状固体材料、液体、气体和气溶胶，因此在化学分析领域非常受欢迎[6-8]。自激光器发明以来，LIBS 已

1

经发展了近 60 年，但是由于发展初期，激光光源与光谱探测技术水平有限，LIBS 的应用和发展受到很大限制。近年来，随着新型发射光谱分析仪器的发明和测量灵敏度和精度的提高，大家逐渐意识到 LIBS 的应用潜力。在各领域科研人员、工程技术人员的努力下，LIBS 技术的发展开启了新的篇章。

### 1.1.1　基本原理

如图 1.1（a）所示，LIBS 是利用一束高能脉冲激光聚焦在样品表面，当激光辐照度足够高并超过样品的击穿阈值时，激光烧蚀区的微粒、分子、原子会发生多光子电离，产生初始电子。初始自由电子继续吸收光子并加速，与原子碰撞电离产生新的自由电子，这些电子又会重复上述初始自由电子的行为，使原子不断被电离，从而发生雪崩效应，产生激光诱导等离子。

激光诱导等离子体内包含了电子、离子、原子、分子和微粒等，整体呈电中性，一般情况下研究人员使用的激光器为纳秒脉冲激光器，输出能量在几到几百兆焦耳（聚焦后辐照度在几到十几吉瓦/厘米 $^2$）。这样的激光产生的等离子体初始温度可达 $10^4 \sim 10^5$ K，初始电子密度为 $10^{17} \sim 10^{18}$ cm$^{-3}$。当激光脉冲结束后，等离子体中被激发的粒子会从高能级向低能级跃迁，如图 1.1（b）所示，并发射特征谱线，波长 $\lambda$ 可以表示为：

$$\lambda = \frac{ch}{E_k - E_i} \tag{1.1}$$

式中，$c$ 为光速；$h$ 为普朗克常量；$E_k$ 为高能级的能量；$E_i$ 为低能级的能量。用光谱仪采集等离子体发射的特征谱线就会得到类似于图 1.1(c)所示的 LIBS 光谱图。通常认为等离子体中各种元素的比例与烧蚀样品的元素比例一致。通过分析特征谱线的强度，可以定量分析出样品中各种元素的含量。

LIBS 的优点十分突出，吸引了各行各业从业人员的注意，他们为 LIBS 技术发展投入了大量的精力，将这项技术很好地应用于各自的研究领域。下面就对 LIBS 的优点[9,10]及相关应用做一个总结：

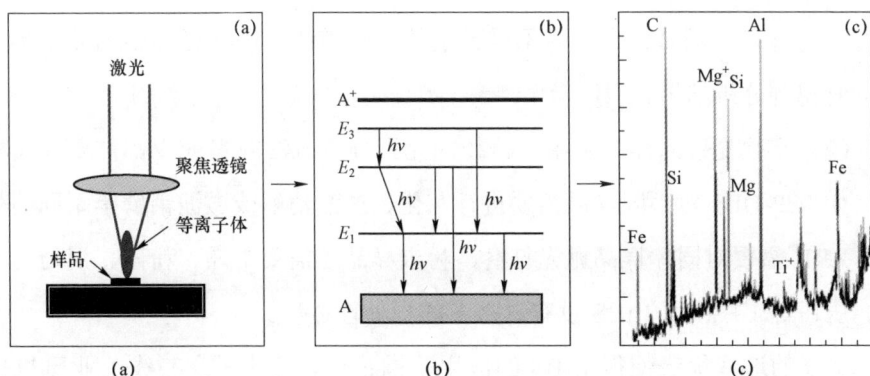

图 1.1 （a）LIBS 基本原理装置图；（b）等离子体中高能态粒子的自发辐射过程
（A 为基态粒子，$A^+$ 为一次电离离子，$E$ 为能级能量）；（c）典型的 LIBS 光谱图

（1）可分析样品的范围广、种类多，固体、液体、气体和气溶胶等不同形态的样品都可以测量。LIBS 对样品的形态、大小要求较低，只要激光的辐照度达到样品的击穿阈值，就可以诱导产生等离子体并对其发射光谱进行采集分析。

（2）体积小、简单便携。随着光电技术发展，光电子器件逐渐小型化、集成化，LIBS 的装置也越来越紧凑，便携式 LIBS 也已经问世，方便随时随地进行检测。

（3）非接触远程测量。在极端环境下（如高温、高压、辐射危害、污染等），操作人员无法接近待测样品时，将 LIBS 装置与望远镜系统相结合可以进行远距离的测量，目前最远已经可以测到上百米。

（4）对样品的破坏性小。由于激光聚焦之后，光斑尺寸较小，所以检测对样品的危害相对较小，尤其是对于体积比较大的样品，这种破坏可以忽略不计。这对文物、贵重金属矿石的检测优势明显。

（5）无有害辐射。XRF 和 PGNAA 在检测过程中会发出对人体有害的辐射，而 LIBS 安全无辐射，并且无需高功率电源，无射频电磁辐射危害。

（6）测量速度快，可以实现多元素同时测量。每一个激光脉冲都可以得到一个发射光谱，通常脉冲激光器的重复频率可以覆盖从几赫兹到数百千赫兹，因此可以在短时间内获取大量光谱数据，软件分析后，一分钟内就可以获取测量结果，分析速度很快。同时 LIBS 分析选用光谱仪的光谱范围比较广，获得的光谱可以同时包含很多不同元素的发射谱线，因此样品中的元素都可以同时得到分析结果。

（7）无须复杂的样品制备。传统的元素分析方法或多或少都需要样品制备，如 ICP-OES 对不同样品需要进行灰化、湿法消解或微波消解等不同的处理；XRF 需要对固体样品抛光打磨，粉末样品还需要干燥、粉碎、混匀、研磨、压饼等工序；而 LIBS 没有这么多的预处理过程。

上述的这些优势使得 LIBS 的应用范围很广，尤其适合在线工业质量控制及监测[11-13]、空气污染和烟雾监测[14]、分析文化遗产（如壁画[15]、历史建筑[16]、文物[17]等）、极端环境测量（如深海[18]、高温[19,20]、辐射[21,22]、易爆[23,24]等）。

## 1.1.2 发展历史

1905 年，爱因斯坦以单光子吸收解释了光与物质相互作用的本质，建立了光电效应的爱因斯坦方程。以后，在量子力学的创始时期，狄拉克等人（1927年）曾经讨论了多光子吸收产生能态跃迁的可能性。但由于当时的科学发展水平的限制，无论对原子的光电离或分子的光离解的研究都没有超出单光子过程。在 1960 年 Maiman 发明红宝石激光器不久之后，一些学者就观察到了由激光照射靶样品表面而产生等离子体的现象，从而为原子的多光子光电离与分子多光子离解的研究开辟了道路，科学家们才开始了积极探索激光与物质相互作用等方面的研究及潜在应用。1962 年，Brech 和 Cross[25]在国际光谱会议上提出激光与样品相互作用所产生的等离子体可作为光谱的发射源，这意味着 LIBS 首次进入科学家的视野。1963 年，Damon 和 Thomlinson[26]以及 Meyerand 和 Haught[27]几乎同时发现了将激光聚焦会造成空气的击穿。同年 Debras 和 Liodec[28]发表了第一篇关于将 LIBS 应用于表面材料光谱分析的文章。1963 年，调 Q 激光器的发明使 LIBS 发展出现新的契机，由于它发出的是高功率密度的脉冲激光，因此可以极大提高样品的烧蚀量及光谱的强度。

1964 年，Runge 等人[29]用红宝石调 Q 激光器分析了金属中的元素含量，测量精度约为 3%~6%，证实了 LIBS 可以用于元素定量分析。

自此 LIBS 研究拉开了序幕，但是由于激光与探测技术水平的限制，在准确度和精确度方面，LIBS 还是无法与传统的元素分析方法相媲美，所以发展比较缓慢。很长的时间里 LIBS 的研究更多地集中在理论方向，如激光击穿的机制[30,31]、等离子体连续谱的起源[32]、激光与样品表面的相互作用过程[33]等。直到 20 世纪 80 年代，激光器和其他组件的小型化，使 LIBS 在线分析优势变得更加明显，产生了更多应用方向的研究。1983 年，Radziemski 等[34,35]用 LIBS 检测了空气中的有毒气体及粉尘。1986 年，Millard 等[36]分析了铍铜合金中的铍元素，1988 年 Essien 等[37]进行了镉、铅和锌的检测。

20 世纪 90 年代至今，由于社会和生产的需求显现，LIBS 的发展更加迅速，研究者们不仅致力于提高 LIBS 精度、检测限和重复性，还不断扩大 LIBS 的应用领域，提升其影响力，为 LIBS 向商业化迈进而努力。

## 1.1.3 研究现状

近几年 LIBS 相关的文献数量都呈增长状态。从 2000 年开始，各种 LIBS 研讨会开始在全球范围内举办。例如：每两年举办一次的 LIBS 国际会议，到目前为止已经举办了 11 次，其中 2014 年第八届会议在中国北京举办。另外不同地域的科研人员还会定期举办区域性的 LIBS 会议，如欧洲地中海 LIBS 会议、北美 LIBS 会议、亚洲 LIBS 会议。中国从 2011 年开始也在每年举办中国 LIBS 会议。*Spectrochimica Acta Part B Atomic Spectroscopy*、*Applied Optics*、*Frontiers of Physics* 等期刊都曾为 LIBS 开设专刊，这也证明了 LIBS 正在不断地发展壮大。目前 LIBS 的相关研究主要可以分为以下几个方面：理论研究、定量分析性能提升、应用扩展。

在理论研究方面，Harilal 等人[38]通过等离子体非稳态膨胀的流体力学方程计算了等离子体膨胀过程中压力、数密度、温度和速度的时空演化。Pietanza

等人[39]将零维碰撞辐射模型与自由电子的玻尔兹曼方程相结合，模拟了铝金属产生的激光诱导等离子体的成分、重粒子能级分布以及麦克斯韦电子能量分布函数随时间的演化。该方法描述了等离子体膨胀的基本过程，估计了与局部热平衡（local thermal equilibrium，LTE）条件的偏差。Cristoforetti 等人[40]提出 LIBS 定量分析中特别重要的一大假设 LTE 的三个判据，除了常用的 McWhirter 准则，还提出了瞬态等离子体准则和不均匀性准则。Gornushkina 等人[41]发展了一种光学厚、非均匀激光诱导等离子体的简化理论模型，计算得到了激光与样品相互作用结束后等离子体连续谱和特定原子发射谱随时间的演化过程。国内西北师范大学的董晨钟团队[42,43]基于流体动力学方程和辐射传递方程，提出了一个简化的辐射流体动力学模型，该模型可用于研究真空条件下激光诱导等离子体中高电离态等离子的辐射特性和动力学演化。大连理工大学的丁洪斌团队[44]建立了一维数值模型来模拟真空条件下钼靶的激光烧蚀过程，用热传导方程描述了纳秒脉冲激光与钼靶相互作用的热过程，并用欧拉方程描述了等离子体羽的产生和膨胀过程。

在定量分析性能提升方面，分为对仪器装置的改进、算法的优化、样品的预处理等。其中在对仪器装置的改进方面，Tognoni 等人[45]总结了共轴双脉冲、正交预电离双脉冲、正交再加热双脉冲与普通单脉冲 LIBS 相比的优势。Nassef 等人[46]将 LIBS 与火花放电相结合测量了金属样品，在相似的激光条件下，火花放电 LIBS 与单独 LIBS 相比，谱线强度和信背比显著提高。Freeman 等人[47,48]研究了纳秒和飞秒激光诱导等离子体在膨胀过程中的演化动力学和发射光谱特征，发现飞秒 LIBS 可以减少样品的热损伤，减少光谱的连续背景辐射。清华大学的王哲团队[49]设计了对称的圆柱形约束腔来增强 LIBS 信号，提高测量的可重复性。华中科技大学的陆继东团队[50]研究了样品制备参数、透镜与样品距离、样品操作方式和环境气体等实验参数对 LIBS 的影响。本研究团队[51]开发了共心多径腔增强 LIBS，与正交双脉冲 LIBS 在同条件下比谱线强度增强两倍。在算法的优化方面，除了常用的单变量定标法、主成分分析、偏最小二乘法之外，Ciucci 等人[52]提出了一种免定标定量分析方法，可以克服基体效应，无须校准曲线，分析结果准确。Koujelev 等人[53]研究了人工神经网络在基于 LIBS 的材料识别中的应用。西北大学的李华团队[54]用支持向量机和偏最小二乘法相结合的方法对炉渣样品进行了定量分类分析。在样品的预处理方面，Giacomo 等人[55]提出了纳米粒子增强 LIBS，通过在金属样品上沉积银纳米粒子，使 LIBS 信号增加了 12 个数量级。上海交通大学的俞进团队[56,57]使用表面增强的样品制备方法来分析粉末样品，首先将粉末混合到油中得到一种膏体，其次，以均匀薄膜的形式涂抹在抛光的固态材料表面，从而减小基体效应对 LIBS 的影响。

在应用扩展方面，美国航天局将搭载着 LIBS 的"好奇号"探测车送上火星，在线分析火星上岩石的成分和含量[58]。Bublitz 等人[59]对土壤中的重金属元素进行了测定。Kaiser 等人[60]测量得到植物叶片不同部位的重金属含量，验证 LIBS 在植物检测方面的潜力。Mcmillan 等人[61]研究了 LIBS 快速准确识别碳酸盐和硅酸盐矿物的能力，验证了 LIBS 在矿物鉴定和现场分析方面有应用前景。Baudelet 等人[62]分析了五种细菌，证明了通过飞秒 LIBS 计算微量元素的浓度可以区分不同的细菌。Dockery 等人[63]用胶带粘取嫌疑人皮肤表面的残留物质，直接对胶带进行 LIBS 分析，从而确定枪支使用嫌疑人的手上是否有枪弹残留物的痕迹。Singh 等人[64]证明了 LIBS 可以快速识别正常的牙齿和龋齿。在国内，大连理工大学的丁洪斌团队[65]将 LIBS 应用于核聚变领域，实现托卡马克装置的第一壁诊断。沈阳自动化研究所的孙兰香团队[66]用 LIBS 对废金属材料进行分拣。中国海洋大学的郑荣儿团队[67]开发了一种小型 4 000 米级别的 LIBS 装置，已经完成了前期的深海实验。清华大学的王哲团队[68]、华南理工大学的陆继东团队[69]和本研究团队[70]则致力于将 LIBS 应用于煤质分析计量领域。北京理工大学的王茜倩团队[71]用 LIBS 对 7 种塑料（ABS、PET、PP、PS、PVC、HDPE、PMMA）进行了物料分类。

### 1.1.4 应用瓶颈

虽然 LIBS 的优势很明显，但到目前为止还不是一项非常成熟的技术。这是因为 LIBS 在测量样品中的微量元素时精度和灵敏度低、测量的重复性和稳定性差、整个过程的物理机制还不够清晰，造成上述困难的原因有很多：

（1）激光诱导等离子体作为 LIBS 的光谱源，含有复杂的辐射和粒子，其产生和传播过程非常复杂，包含了激光与样品的相互作用、激光与蒸气等离子体的相互作用、激光与冲击气体层的相互作用以及激光诱导等离子体与环境气体的相互作用，其中涉及了流体动力学、辐射传递、平衡偏差、化学反应和烧蚀机理等多方面的知识，甚至还涉及一些尚未解决的问题[72]。这使得 LIBS 会受到许多不可控因素的影响，实验条件稍有不同，结果就会千差万别，这为 LIBS 的应用增添了许多困难。

（2）激光诱导等离子体内复杂的相互作用使其不同径向轴向位置的粒子分布不均匀，所发射的光谱也在空间上呈现不均匀性。另外激光诱导等离子体膨胀冷却过程大概只有十几微秒，其内部变化是很迅速的，所以在时间上也是不均匀的。

（3）自吸收效应是影响 LIBS 定量分析性能的一个很重要的因素。如图 1.2 所示，当激光诱导等离子体内部粒子激发态比较高，而边缘区域分布大量低能级粒子时，高能级的内部粒子向外自发辐射所发出的光子会被外部低能级粒子吸收，此时对应检测到的谱线会出现强度下降的现象，这种现象称为自吸收效应。自吸收严重时甚至会出现自蚀现象。

（4）基体效应也是影响 LIBS 的因素之一。测量不同样品中的同一元素时，即使元素的含量相同，若基体不同也会造成 LIBS 信号变化，这个效应叫基体效应。基体效应存在几种不同的类型：物理基体效应和化学基体效应，这两种效应都会影响待测样品的发射光谱[73]。物理基体效应是由待测样品的颗粒度、密度、硬度、不均匀性等来描述，而化学基体效应是材料的化学特性引起的，如基体中易电离的物质浓度等。它们通过影响激光-样品耦合来影响 LIBS 信号强度和烧蚀效率。

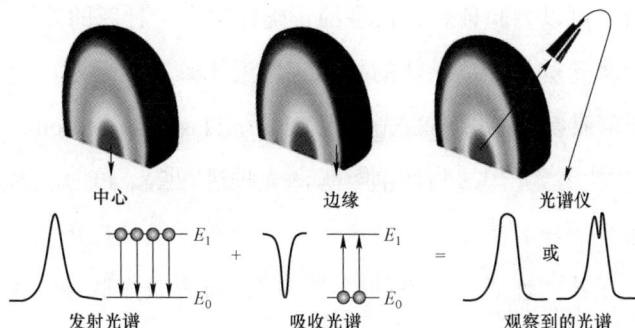

图 1.2　自吸收原理示意图（$E$ 为能级能量）

为了解决以上所述的应用瓶颈，本书利用瞬态成像技术和时空分辨光谱层析技术探索了激光诱导等离子体中粒子的分布结构及其在环境气体中膨胀传播过程，具体有以下几点意义：

（1）LIBS 所采集的空间分辨发射光谱中的谱线强度和信噪比取决于等离子体中原子、离子、电子和温度的时空分布，会影响定量分析结果的准确性和重复性。深入了解等离子体演化过程中所涉及的物理化学过程，可以使我们对激光与样品相互作用以及等离子体产生和传播过程的理解更加深刻，这对 LIBS 改进有很大的帮助，有效加快技术成熟。

（2）本研究团队近几年致力于研究 LIBS 的一些基础物理问题，提出了自吸收免疫激光诱导击穿光谱（SAF-LIBS）定量分析理论与技术[74-79]。这种方法通过匹配元素双线强度比来直接捕获准光学薄等离子体光谱，从而消除自吸收对定量分析的影响。研究等离子体膨胀过程中粒子的时空演化可以计算不同时刻激光诱导等离子体中粒子数密度及吸收路径长度，探索自吸收效应产生和演化的机制，量化表征等离子体辐射谱线自吸收程度的方法，更加明确 SAF-LIBS 优于传统 LIBS 的原因。

（3）本研究团队在等离子体理论建模方面有所进展，提出了包含扩散、粘性、热传导系数的二维辐射流体动力学模型，计算出等离子体在不同压强与不同种类的背景气体下膨胀时等离子体参数（数密度、膨胀速度、电子温度）的时空演化，并利用辐射传输方程得到等离子体的发射光谱分布[80]。而本书的研究内容可以为验证理论模型的正确性提供一种新的方法。

（4）涉及激光诱导等离子体的技术应用近年来发展迅速，除了 LIBS 之外，还有用于薄膜制造的脉冲激光沉积（Pulsed laser deposition，PLD）[81,82]、纳米材料制造[83]、激光焊接与切割[84]、激光推进[85]等。PLD 沉积的薄膜质量高度依赖于激光诱导等离子体中粒子分布密度[86]，其他应用的性能也会受到激光诱导等离子体的性质及状态的影响。因此研究激光诱导等离子体中粒子的分布结构和环境气体中膨胀过程可以为进一步优化激光诱导等离子体相关技术的应用奠定基础。

综上所述，开展对激光诱导等离子体中涉及的所有过程及其时空演化研究是很有必要的。

## 1.2　等离子体时空演化研究现状

目前，国际上关于等离子体的时空演化研究主要集中于等离子体初期演化理论模型研究和等离子体中粒子时空分布实验研究两方面。

在等离子体初期演化理论模型研究方面，早期研究者公认的激光诱导等离子体传播模型有 Sedov 点爆炸模型[87]、活塞模型[88]和更复杂的阻力模型[89]，但这些模型将脉冲激光看作瞬间注射在样品表面，没有考虑激光的后烧蚀作用。事实上，包括蒸汽等离子体和冲击背景气体的相互作用系统对激光脉冲的吸收是决定等离子体演化的关键，因此一种被称为激光支持吸收（LSA）波[90,91]的新传播模型被提出。根据不同的实验条件，如激光辐照度、激光波长、蒸气等离子体的组成、环境气体的组成、环境压力等，LSA 波通常有两种类型，分别为激光支持燃烧（LSC）波和激光支持爆轰（LSD）波。等离子体具体类型主要取决于激光能量吸收区域的位置，当吸收区域位于蒸汽等离子体中时，等离子体属于 LSC 波型等离子体，当吸收区域在冲击气体层时，则属于 LSD 波型等离子体。

在等离子体粒子分布实验研究方面，目前国际上相关工作主要集中于利用光谱扫描或 CCD 成像等手段来研究等离子体与环境气体间的相互作用机制以及实验参数的优化。例如，Cristoforetti 等人[92]观察了来自铝和空气的原子、离子在等离子体中的空间分布，为等离子体的形成及演化提供了重要信息；Wazzan 等人[93]对比了 Ba（Ⅱ）在真空和环境气体中的发射强度和数密度，发现环境气体会导致等离子体羽流膨胀前端的局部数密度增加；Aguilera 和 Aragón 等人[94-97]获得了等离子体中 Fe（Ⅰ）和 Ar（Ⅰ）的相对原子密度分布，证明了等离子体和周围空气之间的相互作用，另外他们还对比了合金产生的等离子中 Ni、Fe、Al 的中性原子和离子相对密度的三维分布；MultTi 等人[98]通过对 Al（Ⅰ）、Al（Ⅱ）和 Ti（Ⅱ）的成像研究了几何因素对 LIBS 的影响，优化了激发和荧光收集参数；Bulatov 等[99]通过观察 Cu-Zn 合金产生的等离子体中粒子的强度分布图，证实了 Cu 和 Zn 存在于等离子体的不同位置，以寻找等离子体中能够提供高光谱信噪比的最佳位置；俞进等[100-103]利用双波长差分成像技术从实验上调查了 Al 等离子体的结构和动力学过程，并结合实验现象探究了激光后烧蚀作用的机理。综上所述，目前人们在等离子体演化建模理论及粒子分布实验方面虽然做了深入研究，但实验分析大多为实验现象表述，未能从物理原理层面出发，有效结合 LSA 波传播理论与多电离态粒子分布等阐明等离子体粒子间相互作用机制。

## 1.3　主要研究内容

如前所述，目前大部分的研究团队研究重点主要是 LIBS 技术的实用化，因此在多个行业领域已开展了 LIBS 应用探索。但因 LIBS 在物理基础与本质方面的研究发展相对滞后，尤其是对激光诱导等离子体形成和传播过程中所涉及的复杂物理过程的理解不足，理论体系不完善，使得应用大多不能善终，严重阻碍了 LIBS 的推广应用。因此，近几年国际上从事 LIBS 研究的同仁都在积极进行研究转型以期解决理论瓶颈[7,8,104]。

本研究团队长期从事 LIBS 基础理论研究并取得了一定成果，本书是在本研究团队前期成果的基础上，对激光诱导等离子体的时空演化机制和激光与等离子体相互作用的物理机理进行了研究。

激光诱导等离子体的产生和传播是一系列的物理过程，可以大致分为：（1）激光烧蚀样品过程；（2）激光、蒸汽等离子体和环境气体相互作用过程；（3）等离子体的冷却重组过程；（4）等离子体的再凝结过程。每一个过程都有各自的应用方向。例如，激光加工更多地涉及激光烧蚀样品过程，而 PLD 更多地考虑到等离子体的再凝结过程。本书主要研究的是 LIBS，更关注的是等离子体的中间阶段，即激光、蒸汽等离子体和环境气体相互作用过程以及等离子体的冷却重组过程。这是因为 LIBS 发射光谱的采集就发生在这一时间段内，光谱的质量主要取决于激光诱导等离子体在这段时间内的特性。除此之外，另外两个过程也与激光诱导等离子体的产生和传播是密切相关的，因此也不可避免地会在本书中被提及。

合金是 LIBS 分析中最常见的样品，其结构较为简单，分布均匀，非常适合研究等离子体传播和粒子分布。根据合金的液相分离特性，可将合金分为难混溶合金和易混溶合金。难混溶合金和易混溶合金物理性质不同，难混溶合金具有明显的液相分离特性，而易混溶合金不具有这种特征。本书利用粒子分布的瞬态成像方法对易混溶和难混溶二元合金产生的激光诱导等离子体的结构和动力学演化进行了实验研究，讨论了不同传播机制的等离子体的特征，如形态、粒子寿命、内部结构、粒子衰减速度等随时间的演化，并探索了等离子体中粒子分布与 LSA 波的关系。

本书一共有六章，结构如下。

第 1 章，简要介绍了 LIBS 的基本原理，总结了 LIBS 的优点和应用领域，回顾了 LIBS 的起源、发展历史以及近十几年国内外发展的现状。提出了现阶段应用瓶颈及研究意义。最后提出了等离子体时空演化研究现状以及本书的研究内容。

第 2 章，回顾了激光诱导等离子体的原理，对激光诱导等离子体的一系列物理过程进行了概述，具体包含：激光烧蚀过程、等离子体产生、等离子体传播、等离子体辐射、冷却和再凝结过程。

第 3 章，介绍了时空分辨光谱层析技术和等离子体中粒子分布的瞬态成像技术，给出了测量的装置、方案及数据处理的方法。同时介绍了等离子体的局域热力学平衡判定方法、等离子体中粒子统计分布规律、获取等离子体电子密度和温度参数的方法和校正等离子中自吸收的方法。

第 4 章，研究了二元难混溶合金诱导产生的激光诱导等离子体内部的粒子时空分布结构的演化机制，并探讨不同 LSA 波类型与粒子分布结构间关系。另外还研究了样品中元素比例对激光诱导等离子体中粒子分布结构的影响。

第 5 章，研究了二元易混溶合金诱导产生的波型等离子体中粒子的时空分布与 LSA 波机制的关系。此外，还研究了不同 LSA 波型等离子体中粒子的衰减速率。通过第 4 章、第 5 章的讨论基本形成了激光支持吸收波二元等离子体时空演化机制。

第 6 章，对全文进行概括总结，并对下一步的研究进行计划和展望。

# 第 2 章

# 激光支持吸收波等离子体理论

## 2.1　激光诱导等离子体概述

等离子体被称为物质的第四态，是由带电粒子和中性粒子组成的体系，与常规的带电粒子体系有本质上的差异[105,106]。等离子体在电磁及其他长程力作用下呈现集体行为。等离子体物理学在过去的百年中蓬勃发展，相关理论已广泛应用于气体放电[107]、核爆炸[108]、电离层[4]、恒星内部[109]等领域。激光诱导等离子体自激光器问世以来就被广泛关注。为更好地研究激光诱导等离子体的结构与动力学过程，必须先了解等离子体中的几个概念。

图 2.1 展示了环境气体中激光诱导等离子体的结构，其中背景气体是激光烧蚀发生的环境，对于 LIBS 来说一般是常温常压的空气或惰性气体，如氦气、氩气。蒸汽是激光烧蚀样品产生的气相物质，包含电子、离子、原子、液滴和固体碎片等。当蒸汽在环境气体中以大于声速的速度喷射出样品表面时，会产生使环境气体的密度、温度、压强等发生跳跃式改变的冲击波。被扰动和未被扰动的背景气体会有明显的分界线，这个分界线就是前驱冲击波。前驱冲击波后被扰动的气体就是冲击气体层，冲击气体层与蒸汽合称为羽流。羽流是一种温度远远高于初始环境的气体，其中的连续体、原子、离子或分

子会发出光。当羽流进一步被明显电离时，就可以称之为激光诱导等离子体。激光脉冲结束后，所烧蚀的样品表面会留下一个烧蚀坑。随着等离子体的冷却，蒸汽会再次凝聚，沉积回样品表面，形成最终的烧蚀坑形态。在等离子体产生和传播过程中，整个激光加热区域大体可以划分成以下几个部分：固相区（吸收了激光能量但是没有熔化的区域）、液相区（被激光加热至熔融状态的金属液体）、高温高压的等离子体区以及激光透明区。

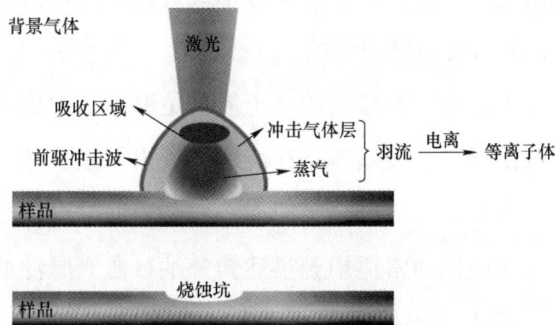

图 2.1　环境气体中激光诱导等离子体的结构

下面几节将详细介绍等离子体从产生到湮灭的整个物理过程。

# 2.2　激光烧蚀过程

## 2.2.1　激光烧蚀机制

当激光辐照度足够高并超过样品的击穿阈值时，样品会与激光产生强烈的相互作用，烧蚀区域的材料会被蒸发、气化而移除。一般激光烧蚀机制有三种类型：光热烧蚀、光化学烧蚀和光物理烧蚀[110,111]。激光烧蚀量取决于材料的性质、激光脉冲参数以及环境气体的性质。虽然 LIBS 可以研究固体、气体、液体多种形式的材料，但研究最多的还是固体的烧蚀，下面将更具体地讨论固态材料的激光烧蚀机制。

在光热烧蚀过程中，自由电子在一百皮秒内被加热，之后在几皮秒的时间范围内能量由电子传递给晶格，这个过程所用时间远远小于激光脉冲持续时间，因此可以将激光脉冲视为烧蚀过程中的热源，光热烧蚀模型可以很好地描述纳秒激光脉冲对金属的烧蚀过程。随着样品表面烧蚀区温度急剧升高，样品材料内部晶格积累足够大的动能后，固体材料会瞬间熔化、气化，并以超声速从样品表面喷出，在样品表面上方形成烧蚀蒸汽。蒸汽的初始温度基本上是由烧蚀材料的汽化温度决定的。

光化学烧蚀发生在当烧蚀激光的光子能量足够高并发生多光子跃迁时，此时所烧蚀的材料化学键直接断裂，在烧蚀区域内积累机械应力，导致材料通过碎片化离解。整个过程没有热效应，在样品表面的温度没有任何变化的情况下发生。光化学烧蚀通常适用于描述紫外纳秒激光脉冲或飞秒激光脉冲对电介质和高分子材料的烧蚀。

当激光烧蚀过程既包含光热烧蚀又包含光化学烧蚀时，这个既包含热效应也包含非热效应的过程称为光物理烧蚀。光化学烧蚀会产生初始自由电子，随后光热烧蚀会进一步有效地将吸收的激光能量转移到样品并导致其熔化和汽化。用红外纳秒激光烧蚀介质或高分子材料通常可以用光物理过程来描述。

由于本研究的目的是研究纳秒激光诱导金属样品产生的等离子体，因此下面将详细描述金属的光热烧蚀过程。

## 2.2.2　激光与金属的耦合

一般用德鲁德（Drude）模型[112]处理金属的光学响应，这种情况下价电子被认为是自由电子，可以自由地与电磁场相互作用，而不受离子晶格恢复力的影响。电子会通过与正离子碰撞来和晶格发生相互作用。利用这种简单的模型，可以得到金属吸收系数的解析表达式。

德鲁德-洛伦兹（Drude-Lorentz）模型与原子的洛伦兹偶极振子模型相结

合可以描述激光辐射产生的自由电子的振荡，方程如下：

$$m_e^* \frac{d^2 x}{dt^2} + m_e^* \upsilon_{ei} \frac{dx}{dt} = -e\varepsilon_0 e^{-i\omega t} \tag{2.1}$$

式中 $x$ 为电子的位移，$m_e^*$ 为有效电子质量电子，$\upsilon_{ei}$ 为电子与其他较重粒子（离子和/或原子）之间的实际碰撞频率，$\varepsilon_0$ 和 $\omega$ 分别为激光电场的振幅和频率。

解方程（2.1）可以得到介质的相对介电常数：

$$\epsilon_r(\omega) = 1 - \frac{\omega_p^2}{\omega^2 + \upsilon_{ei}^2} + i \frac{\upsilon_{ei}\omega_p^2}{\omega(\omega^2 + \upsilon_{ei}^2)} \tag{2.2}$$

式中 $\omega_p$ 为等离子体频率，是用于描述金属光学响应的特征参数，可以表示为：

$$\omega_p = \sqrt{\frac{n_e e^2}{\varepsilon_0 m_e^*}} \tag{2.3}$$

$n_e$ 为自由电子的数密度，对金属来说其数量级为 $10^{22} \sim 10^{23}$ cm$^{-3}$。吸收系数 $\alpha$ 可以表示为：

$$\alpha = \sqrt{\frac{2\omega_p^2 \omega}{c^2 \upsilon_{ei}}} \tag{2.4}$$

另外，将样品表面下激光场强度降低为 $1/e$ 处的深度定义为吸收深度 $\delta$：

$$\delta = \frac{2}{\alpha} \tag{2.5}$$

金属的 $\alpha$ 约为 $10^6$ cm$^{-1}$，对应的 $\delta$ 约为 10 nm。但热传导过程使激光脉冲的烧蚀量大大超出了方程（2.5）所定义的吸收深度。

### 2.2.3　激光对金属的持续热作用

在激光的持续作用下，金属吸收的光能转换为自由电子的热能，被激发的电子会与金属中的粒子、形成晶格的离子、其他电子、与激发电子同时产生的空穴相互作用，转换为晶格的热能。因此激光作为一个热源，在其传播到固体样品时，会诱导晶格温度上升，在金属表面附近的体积内建立随时间变化的温度梯度。假设激光能量完全转化为热能，金属中的温度分布可以由热传导方程[113]得到：

$$\frac{\partial T(x,t)}{\partial t} = \frac{\partial}{\partial x}\left[\left(\frac{\kappa}{C_p \rho}\right)\frac{\partial T(x,t)}{\partial t}\right] + \frac{\alpha}{C_p \rho}I(x,t) + U(x,t) \tag{2.6}$$

式中 $T$ 代表样品中的温度，$x$ 为距离样品表面的测量深度，$t$ 为时间，$\kappa$ 为材料的热导率，$C_p$ 为材料的热容，$\rho$ 为材料的质量密度，$I$ 为样品中激光的辐照度，$U$ 为单位时间体积内发生相变需要的额外能量。

图 2.2 描绘了激光脉冲与金属之间理想化的相互作用[114]。当金属表面达到熔点时，一个熔体前沿开始移动到金属中（图 2.2 上）。随后只要激光束存在，加热就继续。对于足够高的激光通量（图 2.2 中），金属表面温度将超过沸点，第二相前沿将开始传播，烧蚀蒸汽由此产生。在激光脉冲结束后金属将开始逐步冷却，相前沿将移动到样品表面重新凝固（图 2.2 下）。

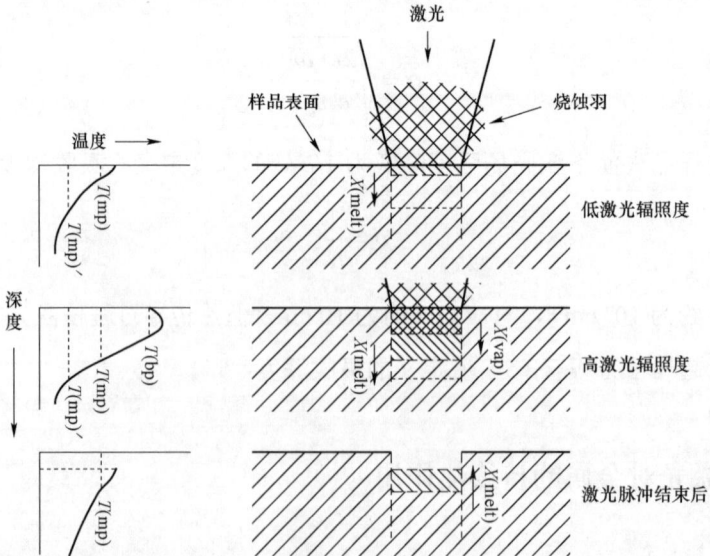

图 2.2　激光脉冲与金属相互作用理想化示意图。上图和中图分别为低通量激光脉冲和高通量激光脉冲的烧蚀情况。$X$（melt）和 $X$（vap）分别代表固-液相前沿和液-气相前沿。模拟的温度随吸收深度的变化曲线显示在左边。$T$（mp）和 $T$（bp）分别为固-液相前沿和液-气相前沿处的温度。$T$（mp）$'$ 表示难混溶元素的熔点（如 Pb 在 Cu 中），它可以从熔体前沿 $X$（melt）下发生液相分离，并导致分馏

对于合金来说，通过固-液二元相图可以发现，某些元素体系在一定温度以上是难混溶的。对于这种金属，当温度高于合金中某种元素的熔点时，该种元素将率先从合金中析出为纯液体，如黄铜（Cu 和 Zn）中的 Pb、Al-Pb 合金中的 Pb、Al-Sn 合金中的 Sn。析出的元素会在熔体前沿下形成一个熔坑，相变产生的压力会使液体像火山一样喷发，造成该元素在烧蚀合金表面的富集，并会与其他元素液体产生分馏。难混溶合金中元素之间熔点、沸点以及光学参数的差异可能是导致分馏的原因，而易混溶合金不会发生分馏现象，达到熔点后所有元素会同时熔化。

# 2.3　等离子体的形成过程

## 2.3.1　羽流的产生

金属材料气化产生的烧蚀蒸汽是部分电离的，内部含有大量热分子、原子、离子和电子，可以称其为蒸汽等离子体。其产生后会在环境气体中沿着激光传播的反方向膨胀，最简单的情况是向真空中膨胀。一维流体动力学方程可以描述蒸汽等离子体的膨胀过程[113]：

$$\frac{\partial \rho}{\partial t} = -\frac{\partial(\rho v)}{\partial x} \tag{2.7}$$

$$\frac{\partial(\rho v)}{\partial t} = -\frac{\partial}{\partial x}[P + \rho v^2] \tag{2.8}$$

$$\frac{\partial}{\partial t}\left[\rho\left(E_d + \frac{v^2}{2}\right)\right] = -\frac{\partial}{\partial x}\left[\rho v\left(E_d + \frac{P}{\rho}\right) + \frac{v^2}{2}\right] + \alpha_{IB}I \tag{2.9}$$

式中 $\rho$ 为质量密度，$v$ 为等离子体的膨胀速度，$E_d$ 为等离子体的内能，$P$ 等离子体内压力方程，$\alpha_{IB}$ 为逆轫致辐射的吸收系数，具体表达式见方程（2.10）。方程（2.7）、方程（2.8）、方程（2.9）分别表示了质量守恒、动量守恒和能量守恒。在真空中只需要考虑蒸汽等离子体，然而对 LIBS 来说，激光烧蚀一般发生在大气压下的气体中，与真空中的膨胀相比，环境气体中的蒸汽等离子体膨胀会更加复杂，蒸汽等离子体会与环境气体发生相互作用。激光烧蚀过后，蒸汽以超声速从样品表面喷出，当蒸汽等离子体密度达到一定程度时，接触样品表面的环境气体会被压缩，驱动冲击波传播到环境气体中，形成冲击气体层，与此同时通过热传导、辐射传递、直接加热的形式将能量传递到环境气体中。由此，蒸汽等离子体和冲击气体层组成的羽流产生，它被认为是一种部分电离的高温气体。

## 2.3.2　蒸汽等离子体和冲击气体对激光的吸收过程

对纳秒脉冲激光来说，2.3.1 节所述的蒸汽等离子体和冲击气体产生的时间尺度大概为几百皮秒。这个过程比脉冲激光的持续时间短得多，因此蒸汽等离子体和冲击气体还会与后续激光发生相互作用，这个作用过程被称作后烧蚀作用，也可以被称为等离子体屏蔽，即初始等离子体对尾部的激光脉冲的吸收效应。当激光能量相对较高时，等离子体屏蔽现象会更明显，甚至使激光脉冲的尾部无法到达样品表面[115]，导致烧蚀率相对于激光通量的饱和。等离子体羽吸收激光能量的主要机制是逆轫致辐射（自由-自由跃迁）和光致电离（束缚-自由跃迁）。

逆轫致辐射对应于自由电子在原子核或离子的库伦场中吸收激光能量而改变轨道并加速的过程。烧蚀蒸汽中初始电子的逆轫致辐射过程使电子温度升高，导致烧蚀蒸汽中原子的碰撞激发或电离，并诱导级联电离的产生，显著增加其电离程度。逆轫致辐射的吸收系数可以写成如下形式[116]：

$$\alpha_{IB} = \alpha_{IB,e0} + \sum_{Z=1} \alpha_{IB,eZ} = n_0 \sigma_{e,0}^{IB} + \sum_{Z=1} n_Z \sigma_{e,Z}^{IB} \tag{2.10}$$

$$\alpha_{IB,e0}(\lambda) = A_1 \lambda^3 n_0 n_e T_e^{1.5} \sigma_{dif} \overline{G_{e0}^{IB}} \tag{2.11}$$

$$\alpha_{IB,eZ}(\lambda) = A_2 \lambda^3 \left[ 1 - \exp\left( -\frac{hc}{\lambda k_B T_e} \right) \right] \sum_{Z=1} \frac{Z^2 n_Z n_e \overline{G_{eZ}^{IB}}}{\sqrt{T_e}} \tag{2.12}$$

式中 $A_1$ 和 $A_2$ 是两个常量，$\alpha_{IB,e0}$ 和 $\alpha_{IB,eZ}$ 分别为中性原子和 $Z$ 次离子的逆轫致辐射吸收系数，$\sigma_{e,0}^{IB}$ 和 $\sigma_{e,Z}^{IB}$ 分别为中性原子和 $Z$ 次离子逆轫致辐射的横截面，$n_e$、$n_0$ 和 $n_Z$ 分别为电子、中性原子和 $Z$ 次离子的数密度，$\lambda$ 为激光波长，$T_e$ 是电子温度，$k_B$ 为玻尔兹曼常数，$\sigma_{dif}$ 表示被中性原子散射的电子的横截面，$\overline{G_{e0}^{IB}}$ 和 $\overline{G_{eZ}^{IB}}$ 是冈特因子（Gaunt factor），可以用以下形式表示[117]：

$$\overline{G_{e0}^{IB}} = \left[ 1 + \left( 1 + \frac{hc}{\lambda k_B T_e} \right)^2 \right] \exp\left( -\frac{hc}{\lambda k_B T_e} \right) \tag{2.13}$$

$$\overline{G_{eZ}^{IB}} = 1 + 0.1728 \left( \frac{hc}{\lambda E_H Z^2} \right)^{\frac{1}{3}} \left( 1 + \frac{2k_B T_e \lambda}{hc} \right) \tag{2.14}$$

冈特因子表达式中 $E_H$ 为氢的电离势，这两个因子都考虑到了量子效应对所用的经典截面计算的修正，它们的值一般都接近于 1。根据逆轫致辐射吸收系数的方程可以发现，吸收系数与电子温度和激光波长有关。电子与原子的逆轫致过程在低温下占主导，而电子与离子的逆轫致过程在高温下占主导。

光致电离激发的条件是光子能量大于电离一个激发态原子所必需的能量，光致电离的吸收系数可以写成：

$$\alpha_{PI} = \sum_Z \sum_k^{\infty} n_Z^k \sigma_{k,Z}^{PI} \tag{2.15}$$

式中，$k$ 为主量子数；$n_Z^k$ 为处于激发态 $k$ 的 $Z$ 次离子的数密度，$\sigma_{k,Z}^{PI}$ 是处于激发态 $k$ 的 $Z$ 次离子的单光子电离的截面。最低激发态的光致电离作用主要与原子的结构和激光波长相关。根据该模型，可以计算出氢原子的单光子电离吸收系数[118]：

$$\alpha_{PI}(\lambda) = A_2 \lambda^3 \left[ 1 - \exp\left( -\frac{hc}{\lambda k_B T_e} \right) \right] \left[ \exp\left( \frac{hc}{\lambda k_B T_e} \right) - 1 \right] \sum_{Z=1} \frac{Z^2 n_Z n_e \overline{G_Z^{PI}}}{\sqrt{T_e}}$$

$$\tag{2.16}$$

其中冈特因子 $\overline{G_Z^{PI}}$ 可以表示为：

$$\overline{G_Z^{PI}} = 1 - 0.172\,8\left(\frac{hc}{\lambda E_H Z^2}\right)^{\frac{1}{3}}\left(1 - \frac{2k_B T_e \lambda}{hc}\right)$$
$$- \exp\left(-\frac{hc}{\lambda k_B T_e}\right)\left[1 + 0.172\,8\left(\frac{hc}{\lambda E_H Z^2}\right)^{\frac{1}{3}}\left(1 + \frac{2k_B T_e \lambda}{hc}\right)\right] \quad (2.17)$$

这里 $A_2$ 与式（2.12）中的常数相同，$T_e$ 为电子温度，$n_e$ 和 $n_Z$ 分别为电子和 $Z$ 次离子的数密度，$E_H$ 为氢的电离势。如果用比贝尔曼因子（Biberman factor）代替冈特因子，式（2.16）可以推广到非氢原子[119,120]。

考虑到逆轫致辐射和光致电离的表达式中冈特因子接近于 1，那么这两个过程的吸收系数之比可以表示为：

$$\frac{\alpha_{PI}}{\alpha_{IB}} = \exp\left(\frac{hc}{\lambda k_B T_e}\right) - 1 \quad (2.18)$$

该比值公式表明，$h\nu \gg k_B T_e$ 时是光致电离为主导的吸收过程，而 $h\nu \ll k_B T_e$ 时是逆轫致辐射为主导的吸收过程。这样等离子体羽流的总的吸收系数可以写成：

$$\alpha_{tot} = \alpha_{PI} + \alpha_{IB}$$
$$= A_1 \lambda^3 n_0 n_e T_e^{1.5} \sigma_{dif} \overline{G_{e0}^{IB}}$$
$$+ A_2 \lambda^3 \left[1 - \exp\left(-\frac{hc}{\lambda k_B T_e}\right)\right] \sum_{Z=1} \frac{Z^2 n_Z n_e}{\sqrt{T_e}}\left\{\left[\exp\left(\frac{hc}{\lambda k_B T_e}\right) - 1\right]\overline{G_Z^{PI}} + \overline{G_{eZ}^{IB}}\right\}$$
$$\quad (2.19)$$

根据上式可知，$\alpha_{tot} \propto \lambda^3$，因此在激光烧蚀产生的典型等离子体的温度范围内，等离子体羽对红外波长的激光的吸收总是比对紫外波长的激光的吸收更有效。对于 LIBS 里常用的激光波长范围和强度，光致电离仅对原子的高激发态有效，吸收速率随气体温度升高而升高，随激光波长增加而降低。对于逆轫致辐射过程，当 $h\nu \ll k_B T_e$ 时，在低温下的吸收主要是由电子-原子作用过程引起的，当气体开始电离（大于 1%的电离）时，吸收就由电子-离子过程主导。

羽流吸收激光能量后被进一步电离，形成初始等离子体，并继续向环境气体中传播。由于后烧蚀作用是等离子体膨胀早期的重要过程，它决定了激光脉冲结束后等离子体的形态和内部结构，下面一节将详细介绍后烧蚀作用对等离子体传播的影响。

## 2.4　激光支持吸收波等离子体传播过程

上一节所述的等离子体羽对激光的吸收，加速了其在激光入射方向的传播，导致等离子体各向异性的膨胀，等离子体从最初的受限制的蒸气状态转变为在环境气体中充分传播的 LSA 波。LSA 波会持续传播，直到激光终止或辐照度降低到不能再支持 LSA 波的传播。LSA 波的一般形态已经在图 2.1 中展示，此图并不具体代表某一种类型的吸收波，通过它可以了解用于描述不同类型 LSA 波的各个区域：前驱冲击波区、激光吸收区和传播后区。冲击波和吸收波从样品表面向外传播，波后的等离子体呈放射状膨胀。

根据前几节的内容，等离子体是经过几个瞬态阶段演变而来，不同的环境气体、激光波长、激光辐照度以及激光持续时间会使等离子体有不同的性质（包括辐射传递、表面压力、稳态性、等离子体速度和等离子体温度等重要物理量）以及传播方式。因此 LSA 波等离子体可以分为三种不同类型：激光支持的燃烧波型（LSC）等离子体、激光支持的爆轰波型（LSD）等离子体和激光支持的辐射波型（laser-supported radiation wave，LSR）等离子体[91]。它们的差异是由不同的环境气体的作用以及电离和吸收激光辐射的方式而引起的，这些机制可以用于描述吸收波前传播到冷的透明环境气体中的过程。对于 LIBS 常用的激光辐照度诱导产生的等离子体一般为 LSC 波型等离子体和 LSD 波型等离子体，而 LSR 波型等离子体需要极其高的激光辐照度点燃，不在本研究讨论的范围之内。因此下面将只介绍 LSC 波型等离子体和 LSD 波型等离子体的主要特征。

## 2.4.1　激光支持燃烧波型（LSC）等离子体

在低激光辐照度下，等离子体呈现 LSC 波型，结构如图 2.3 左所示，等离子体与冲击波之间被一个压强恒定的冲击气体层隔开。虽然冲击波增加了气体的密度、压力和温度，但由于激光能量小，没有达到激发阈值，冲击气体对激光仍然是透明的。因此这种情况下，等离子体屏蔽作用发生在等离子体中部的烧蚀蒸汽中。激光直接沉积在蒸汽等离子体上并被其吸收，蒸汽等离子体被有效地加热到图 2.3 左（c）和图 2.3 左（d）所示的高温状态。相比之下，冲击气体的温度比蒸汽等离子低，这是由于冲击气体的激发与电离不

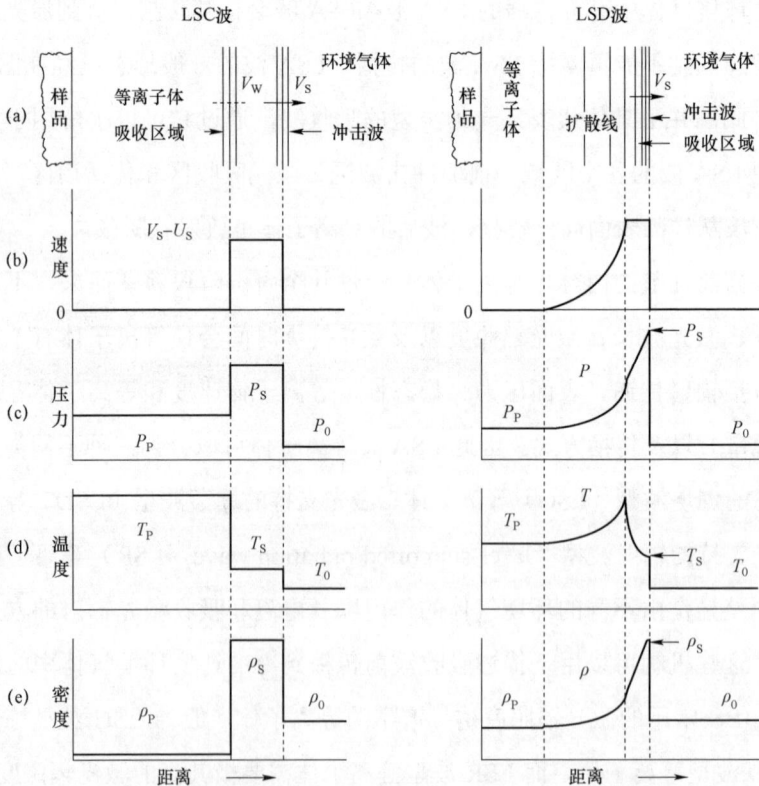

图 2.3　LSC 波型等离子体和 LSD 波型等离子体的（a）结构、（b）速度（$U_S$ 代表环境气体的速度）、（c）压力、（d）温度和（e）密度对比图（字母 P、S 分别代表蒸汽等离子和冲击气体，数字 0 代表环境气体）

是直接吸收了激光能量，而是与热的蒸汽等离子体发生了相互作用。另外冲击气体还有着高压和高密度的状态，这是被膨胀的蒸汽等离子体机械压缩而导致的。随着冲击气体压力和密度的增加，其对蒸汽等离子体发出的极紫外辐射的吸收也会随之增加，因此冲击气体与等离子体接触的部分会迅速加热、电离，它的膨胀维持了驱动冲击波传播的压力。综上所述，这个系统传播的主要机制是热蒸汽等离子体对冷冲击气体的压缩、辐射和热传递。

## 2.4.2　激光支持爆轰波型（LSD）等离子体

随着激光辐照度的逐步增加，当达到一个阈值时，冲击气体将不再需要蒸汽等离子体的能量来进行额外的加热，其本身已经足够热，可以直接吸收激光辐射并被显著电离，此时等离子体将呈现 LSD 波的特征。其吸收区主要位于等离子体传播前端的冲击气体中（图 2.3 右），冲击气体与蒸汽等离子体之间不存在明显的分割线，压力、温度和密度在蒸气和冲击气体之间是连续变化的。冲击波的传播速度比 LSC 波的传播速度要快，这意味着 LSD 波型等离子体沿激光轴方向加速传播。冲击气体对激光能量的吸收驱动了 LSD 波的传播，因此冲击气体比其后的蒸气等离子体有更高的压力、温度和密度。对比两种类型的等离子体，冲击气体对激光辐射的屏蔽是导致蒸气等离子体的压力和温度低于 LSC 波型等离子体的主要原因。

LSC 和 LSD 这两类波型等离子体的形态差别很大。如上所述，在 LSC 波的传播过程中，激光能量被等离子体羽中部吸收，而在 LSD 波中，吸收发生在等离子体羽流的前部。因此，LSC 波型等离子体更接近球形，而 LSD 波型等离子体由于冲击气体对激光能量的吸收，在激光传播轴向的传播速度比平行于样品表面的径向方向快，导致形态呈长椭球形。相应不同的 LSA 波型等离子体中电子密度的分布、温度的分布以及不同粒子的分布差异也十分明显。下面将在第 4 章和第 5 章进行具体讨论。

## 2.5　等离子体辐射、冷却及再凝聚过程

烧蚀激光脉冲结束后，所产生的等离子体在没有进一步外部能量输入的情况下继续传播，各种高能粒子互相碰撞激发、电离达到 LTE 态。在此期间，等离子体通过与环境气体的相互作用而冷却下来，粒子会由高能级跃迁到低能级并发射特征谱线。整个等离子体演化过程中等离子体的辐射展示在图 2.4 中。

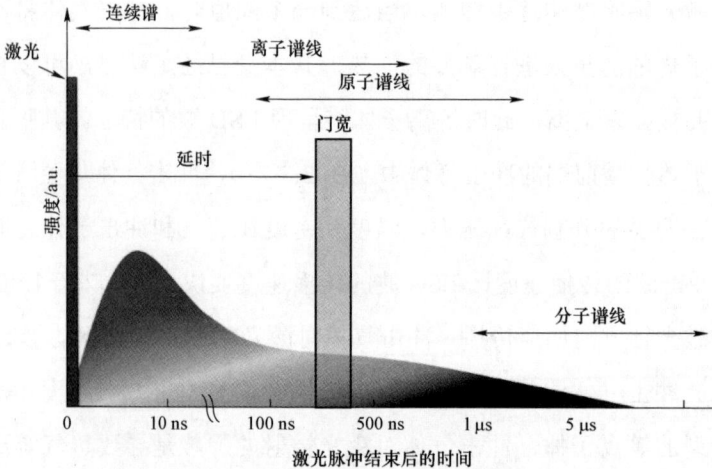

图 2.4　等离子体演化过程中等离子体的辐射

各种不同发射光谱的产生时间和衰减速度都有所不同，在激光脉冲刚结束时，等离子体内部的主要辐射机制为高速电子碰撞减速并发出光子的轫致辐射和通过离子原子俘获电子并发出光子的复合辐射，这两种辐射机制会导致等离子体存在很强的连续背景辐射，以至于其他发射谱线都被淹没。一段延时后，连续背景辐射降低，离子、原子的发射谱线可以被有效地探测到。其中离子的发射谱线衰减较快，而原子谱线则相对可以维持较长的时间。当达到 LTE 态时，等离子体的发射光谱更具有实际的应用价值，LIBS 定量分析

所需光谱一般都在这段时间内采集。因此，研究等离子体在这一时期的特征对优化 LIBS 分析结果具有重要的意义。为了消除连续背景辐射光谱，获得 LTE 态下等离子体的信噪比高的发射谱线，应该利用时间分辨法，设置合适的 ICCD 延时和门宽，用光谱仪采集特定时间范围内的光谱。其中，ICCD 延时指的是从等离子体产生开始，一直到开始采集信号的这段时间，门宽为光谱仪采集信号的积分时间。

对于原子的束缚-束缚跃迁，辐射传输方程可以给出等离子体辐射强度的表达式[121]。单位时间体积的等离子体传播了 d$x$ 的距离后，发出的辐射强度可以表示为：

$$\mathrm{d}I(\lambda, x) = \varepsilon(\lambda)\mathrm{d}x - k(\lambda)I(\lambda, x)\mathrm{d}x \tag{2.20}$$

式中 $\varepsilon(\lambda)$ 为等离子体自发辐射率，$k(\lambda)$ 为吸收系数，可以由下式表示：

$$\varepsilon(\lambda) = \frac{hc}{4\pi\lambda_0} A_{ki} n_k L(\lambda) \tag{2.21}$$

$$k(\lambda) = \frac{\lambda_0^4}{8\pi c} A_{ki} g_k \frac{n_i}{g_i} L(\lambda) \tag{2.22}$$

式中 $L(\lambda)$ 是谱线的发射线型，$\lambda_0$ 为发射谱线的波长，$A_{ki}$ 表示粒子由 $k$ 能级跃迁到 $i$ 能级的跃迁几率，$n_k$ 和 $n_i$ 分别是处于 $k$ 和 $i$ 能级的粒子数密度，$g_i$ 和 $g_k$ 分别为 $i$ 能级和 $k$ 能级的简并度。对式（2.20）求解，可得到长度为 $l$ 的等离子体发射的特征谱线强度为：

$$I(\lambda) = \frac{8\pi hc^2}{\lambda_0^5} \frac{n_k}{n_i} \frac{g_i}{g_k} (1 - \mathrm{e}^{-k(\lambda)l}) \tag{2.23}$$

式中 $I(\lambda)$ $l$ 为光学深度。当等离子体处于光学薄态时，即无自吸收（等离子体内部发出的光不会被自身吸收）的情况下，$k(\lambda)l \ll 1$，结合式（2.22），可以将式（2.23）写为：

$$I(\lambda) = \frac{hc}{\lambda_0} A_{ki} n_k l L(\lambda) \tag{2.24}$$

处于 LTE 态的等离子体中各能级粒子数会按照玻耳兹曼定律分布：

$$n_i = N \frac{g_i}{Z(T)} \exp(-E_i / k_B T) \tag{2.25}$$

其中，$N$ 是处于基态的总粒子数，$Z(T)$ 为配分函数，$Z(T) = \sum g_i \exp$ $(-E_i / k_B T)$，$E_i$ 为 $i$ 能级的能量，考虑到光学系统（如光纤、光谱仪等）的收集效率 $F$，并将式（2.25）带入式（2.24）可得：

$$I(\lambda) = F \frac{hc}{\lambda_0} A_{ki} g_k \frac{Nl}{Z(T)} \exp(-E_k / k_B T) \tag{2.26}$$

假设待测样品中的物质成分及含量与诱导产生的等离子体中的元素组成一致，样品中某元素的含量 $C$ 与等离子体内该元素的粒子数 $N$ 成正比，记为 $N = \beta C$，并且考虑到等离子体数密度和体积，则式（2.26）可进一步表示为：

$$I(\lambda) = F \beta C \frac{hc}{\lambda_0} \frac{A_{ki} g_k}{Z(T)} \exp(-E_k / k_B T) \tag{2.27}$$

此式即为 LIBS 的定量分析原理。

几微秒后，随着等离子体温度的降低，等离子体中粒子发生重组，形成了分子和自由基。重组将会发生在来自样品的元素粒子和来自环境气体的元素粒子之间。例如当金属样品在大气中烧蚀时，金属元素的氧化就会是一个主要过程。

几百微秒后，激光诱导等离子体释放了大量能量并逐渐冷却。等离子体的温度一般会下降到数千开尔文以下并发生复合，不同性质的粒子团和纳米粒子将会形成。当激光与样品表面作用后，一部分材料将被激光移除并产生烧蚀坑。当这些物质的初始喷射速度足够高时，再凝聚物质会被输送到远离样品表面的地方，当物质的初始喷射速度较小时，再凝聚物质被重新沉积在激光脉冲接触的区域或该区域附近，产生类似于火山口形貌的烧蚀坑。

# 2.6  本章小结

本章介绍了激光烧蚀的主要物理和化学过程以及产生的激光诱导等离子

体的演化过程。整个过程可分为激光烧蚀产生羽流、等离子体羽流与激光的相互作用、等离子体辐射冷却、等离子体中粒子的复合和材料的再凝聚等几个阶段。不同演化阶段等离子体表现出不同的性质，而本研究团队对 LIBS 等离子体达到 LTE 态后所发射有效光谱的阶段更感兴趣，这段时间处于激光与等离子体相互作用结束之后。正因如此，不仅激光烧蚀过程会影响等离子体的性质及其发射谱线，烧蚀蒸汽向环境气体的传播过程也是关键影响因素，所以本研究团队投入了很大精力研究不同传播机制产生的不同类型的等离子体的结构与性质，所获得的结果将在本书的第 4 章、第 5 章详细讨论。

# 第3章

# 等离子体时空分辨技术研究

本章主要分为两部分，第一部分介绍等离子体光谱学的检测技术，时空分辨光谱层析技术的测量过程和数据处理方案，分析该方法获得的光谱可以对等离子体 LTE 态进行判定、计算等离子体温度和电子数密度等参数、校正自吸收。第二部分介绍等离子体图像的检测技术，瞬态等离子体成像法的实验过程和数据处理方法，并举例进行了说明。

## 3.1 时空分辨光谱层析技术

时空分辨发射光谱层析技术可以获得等离子体不同轴向径向位置的具体光谱信息，实现空间分辨的 LIBS 测量。在垂直于激光入射轴的等离子体的一侧，用透镜将等离子体图像放大，来自等离子体不同轴向和径向位置的发射光被光纤二维扫描并采集传输到光谱仪中。如图 3.1 所示，等离子体用浅灰色阴影表示，小圆圈代表采集光纤的芯径，以大于芯径的步长移动光纤时，可以确保光纤采集的光来自等离子体不同位置，从而获得空间分辨光谱。通过设置光谱仪 ICCD 的延时和门宽可以实现时间分辨光谱的测量。因为大部分 LIBS 信息都来自等离子体的发射光谱中，因此测定等离子体的参数对了解等离子体是十分重要的。时空分辨发射光谱可以计算等离子体的参数，还可用于研究激光诱导等离子体的流体动力学膨胀及其辐射特性。

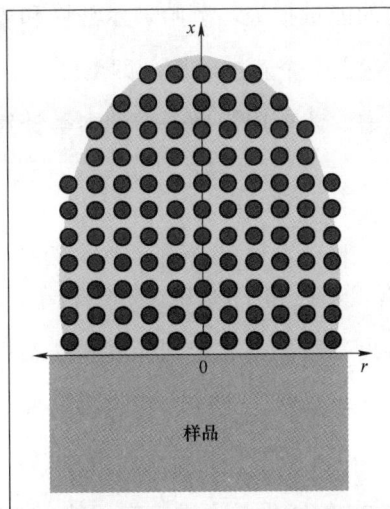

图3.1 空间分辨发射光谱检测示意图（位置 $x=0$ 表示样品表面，$r$ 为等离子体径向轴）

下面将介绍等离子体 LTE 态的判定方法、温度和电子数密度等参数的计算方法、自吸收的校正方法。

### 3.1.1 局部热平衡态的判定方法

当等离子体处于热力学平衡（thermodynamic equilibrium，TE）时，由电子、原子、离子和辐射组成的整个系统可以用统计力学完全描述，其中热力学平衡的分布以相同的温度表征[40]。在这种情况下，电子能量分布函数可以用系统温度定义的麦克斯韦函数形式表示。原子/离子激发态的相对粒子数分布，即原子态分布函数，可以用玻尔兹曼分布来描述。在 TE 状态下，每一个过程都通过它的逆过程来平衡，这被称为详细平衡原理。当这一原则被打破时，就会观察到等离子体偏离 TE 态，并且会形成其他不同的平衡。

在激光诱导的等离子体中，辐射能量是由其他形式的能量转换而来的，如电子或原子的动能和热能。因为辐射平衡要求等离子体在所有频率都具有光学厚度，当光子逃离等离子体时，它们的能量分布会偏离普朗克函数，不可避免地也会影响涉及电子、原子和离子的平衡[122]。然而，如果辐射损失的能量小于其他粒子过程的能量损失，萨哈玻尔兹曼和麦克斯韦分布仍然对系统的描述有效，并可以建立一个新的平衡，即 LTE。只有满足 LTE 的等离子的发射光谱才为有效光谱，才可用于进一步的参数计算和定量分析。在这种情况下：

$$T_{exc} = T_e = T_H \neq T_v \qquad (3.1)$$

其中，$T_{exc}$ 是激发温度，$T_e$ 和 $T_H$ 是电子和重粒子，即原子和离子的温度，$T_v$ 是描述光子分布的温度。对于具有空间梯度和瞬态行为的等离子体，空间和时间变化需要足够小，才能建立 LTE。在这种情况下，等离子体被称为准平稳的，并以局部温度和电子密度为其特征[123]。

在大多数工作中，LTE 的发生是通过麦克沃特（McWhirter）准则[124]来评估的。满足这一判据是等离子体达到局部热力学平衡的必要条件，然而这并不意味着满足这项准则，LTE 就能够存在。事实上，由于激光诱导的等离子体是不稳定和不均匀的，另外两个准则也该应用于评估 LTE。首先，考虑到等离子体的瞬态特性，热力学参数的衰减时间应大于激发和电离平衡建立的时间。其次，等离子体中温度和电子数密度的变化长度应大于粒子弛豫至平衡时扩散的距离。下面将介绍这三个准则。

### 3.1.1.1 麦克沃特准则

对于均匀和稳定的等离子体，麦克沃特准则可以用如下公式表示：

$$n_e(\text{cm}^{-3}) > 1.6 \times 10^{12} T^{0.5} \Delta E_{ki}^3 \qquad (3.2)$$

式中 $n_e$ 为电子数密度，$T$ 为等离子体温度，$\Delta E_{ki}$ 为相邻能级的最大能量间距。该准则确立了粒子减少率强于辐射衰减速率时所能达到的最低电子数密度。

### 3.1.1.2 瞬态等离子体准则

等离子体建立热力学平衡所需的弛豫时间 $\tau_{rel}$ 必须短于等离子体热力学参数（如温度或电子密度）的变化时间：

$$\frac{T(t+\tau_{rel})-T(t)}{T(t)} \ll 1 \qquad (3.3)$$

$$\frac{n_e(t+\tau_{rel})-n_e(t)}{n_e(t)} \ll 1 \qquad (3.4)$$

为了验证此准则，需要估算热力学弛豫时间 $\tau_{rel}$ 。如果式（3.3）和式（3.4）在等离子体演化过程中始终有效，则不同温度下有不同的 LTE 热力学状态。在这些不同的平衡态中，基态能级和第一激发态能级之间的 $\tau_{rel}$ 一般最长，可以由式（3.5）估计[125]：

$$\tau_{rel} \approx \frac{1}{n_e \langle \sigma_{12} v \rangle} = \frac{6.3 \times 10^4}{n_e f_{12} \langle \overline{G} \rangle} \Delta E_{21} T^{0.5} \exp\left(\frac{\Delta E_{21}}{T^{0.5}}\right) \qquad (3.5)$$

式中 $\langle \overline{G} \rangle$ 为冈特因子， $f_{12}$ 是光谱的振荡长度。

### 3.1.1.3 不均匀准则

在空间中，等离子体温度和电子数密度的变化长度应该大于粒子在弛豫时间内扩散的距离。扩散长度 $L_{dif}$ 可以用下面的公式表示[125]：

$$L_{dif} \approx \sqrt{D_{dif} \times \tau_{rel}} = 1.4 \times 10^{12} \frac{T^{0.75}}{n_e} \left(\frac{\Delta E_{21}}{M_{mol} f_{12} \langle \overline{G} \rangle}\right)^{0.5} \exp\left(\frac{\Delta E_{21}}{2T}\right)$$

$$(3.6)$$

为了使 LTE 条件有效，等离子体的温度与电子密度需要建立如下的关系：

$$\frac{T(x+L_{dif})-T(x)}{T(x)} \ll 1 \qquad (3.7)$$

$$\frac{n_e(x+L_{dif})-n_e(x)}{n_e(x)} \ll 1 \qquad (3.8)$$

式（3.5）和式（3.6）是完全电离等离子体的弛豫时间和弛豫时间内扩散的距离。但 LIBS 的等离子体通常是部分电离的，所以需要应用一个倍增因子。

$$\tau_{\text{rel}}^{\text{partial ionezed}} = \frac{n_{\text{II}}}{n_{\text{I}} + n_{\text{II}}} \tau_{rel} \tag{3.9}$$

$$L_{\text{dif}}^{\text{partial ionezed}} = \sqrt{\frac{n_{\text{II}}}{n_{\text{I}} + n_{\text{II}}}} L_{dif} \tag{3.10}$$

公式中 $n_{\text{I}}$ 和 $n_{\text{II}}$ 分别为原子和离子的数密度。

一般而言，对于式（3.7），等离子体温度和电子密度的变化长度至少是粒子扩散长度的 10 倍：

$$\frac{T(x)}{\mathrm{d}T(x)/\mathrm{d}x} > 10 L_{dif} \tag{3.11}$$

利用上述三个准则，可以检查激光诱导等离子体中 LTE 是否存在。高电子密度的等离子体通常允许假设 LTE 态存在。然而随着等离子体冷却，LTE 将无法满足。另外由于环境气体中的粒子与等离子体中粒子发生化学反应，会导致等离子体化学计量的变化。因此，只有在一个中间的延时区间内等离子体足够热时，LTE 条件才能被满足。

## 3.1.2　等离子体温度

温度是表征等离子体最重要的参数之一，结合时空分辨光谱层析技术可以测定等离子体不同部位的温度。当等离子体处于 LTE 态时，可以使用玻耳兹曼方程、萨哈方程或两者的结合来推导电子温度[126]。

### 3.1.2.1　玻耳兹曼平面法

第 2 章已经给出了元素的特征发射谱线的强度表达式（2.26），对此式的两边取对数，可以写成：

$$\ln\left(\frac{I\lambda_0}{A_{ki}g_k}\right) = -\frac{E_k}{k_B T} + \ln\frac{FhcNl}{Z(T)} \qquad (3.12)$$

上式最后一项为常数，因此根据这个方程用几条同种元素的原子发射谱线可以画出玻耳兹曼图，纵坐标为 $\ln[I\lambda_0/(A_{ki}g_k)]$，横坐标为各跃迁谱线对应的上能级能量 $E_k$，画出一条斜率为 $m = -1/k_B T$ 的直线。电子温度 $T$ 的值可以由玻尔兹曼平面图的斜率求出：$T = -1/k_B m$。

### 3.1.2.2　玻尔兹曼双线法

这种方法需要选取两条相同元素的原子谱线，这两条谱线的电离态也相同，根据式（2.26）可以给出这两条谱线的强度比：

$$\frac{I_1}{I_2} = \frac{A_1 g_1 \lambda_2}{A_2 g_2 \lambda_1} \exp\left(-\frac{E_1 - E_2}{k_B T}\right) \qquad (3.13)$$

对等式两边取对数，可以得到：

$$\ln\frac{I_1 \lambda_1 A_2 g_2}{I_2 \lambda_2 A_1 g_1} = -\frac{E_1 - E_2}{k_B T} \qquad (3.14)$$

根据此公式可以知道，两条谱线强度的对数与它们上能级的间距成比例，等离子体的电子温度就可以表示为：

$$T = -\frac{E_1 - E_2}{k_B} \Big/ \ln\frac{I_1 \lambda_1 A_2 g_2}{I_2 \lambda_2 A_1 g_1} \qquad (3.15)$$

但是这种方法的精度不如采用多条谱线的玻耳兹曼平面法的精度高。

### 3.1.2.3　萨哈–玻耳兹曼法

根据式（3.1），激发温度与电离温度相同时等离子体处于 LTE 态。激发温度决定原子（和离子）能级的布居数分布（玻耳兹曼方程），而电离温度决定同一元素在不同电离阶段的布居数分布（萨哈方程）。对于同一元素的中性原子和一次电离离子，萨哈方程可以写成：

$$n_e \frac{n_{\mathrm{II}}}{n_{\mathrm{I}}} = 2\left(\frac{m_e k_B T}{2\pi\hbar^2}\right)^{3/2} \frac{Z_{\mathrm{II}}(T)}{Z_{\mathrm{I}}(T)} \exp\left(-\frac{E_\infty - \Delta E}{k_B T}\right) \qquad (3.16)$$

其中 $n_e$ 为电子数密度，$n_{\mathrm{I}}$ 和 $n_{\mathrm{II}}$ 分别为中性原子粒子和一次电离粒子的数密度，$Z_{\mathrm{I}}(T)$ 和 $Z_{\mathrm{II}}(T)$ 分别为中性原子粒子和一次电离粒子的配分函数，$E_\infty$ 为基态原子的电离能，$m_e$ 为电子质量。

由于激光诱导等离子体中通常存在不同电离阶段的发射谱线，因此可以选用具有不同上能级的相同粒子的两条谱线，并结合萨哈电离和玻耳兹曼激发分布来测量电子温度。最常见的耦合萨哈-玻耳兹曼方程的形式是用离子和原子发射强度的比值：

$$\frac{I_{\mathrm{II}}}{I_{\mathrm{I}}} = \left(\frac{A_{\mathrm{II}} g_{\mathrm{II}} \lambda_{\mathrm{I}}}{A_{\mathrm{I}} g_{\mathrm{I}} \lambda_{\mathrm{II}}}\right)\left(\frac{2\left(2\pi m_e k_B T\right)^{\frac{3}{2}}}{n_e h^3}\right) \exp\left(-\frac{E_{ion} - \Delta E + E_{\mathrm{II}} - E_{\mathrm{I}}}{k_B T}\right)$$

$$(3.17)$$

在上式中，Ⅰ 和 Ⅱ 分别表示原子和离子。$E_{ion}$ 为第一电离能，（$E$ 为等离子体中由于带电粒子的存在而使电离能降低的修正参数[127]，可以表示为：

$$\Delta E = 3 \frac{e^2}{4\pi\varepsilon_0}\left(\frac{4\pi n_e}{3}\right)^{\frac{1}{3}} \qquad (3.18)$$

同样对式（3.17）两边都取对数：

$$\ln\left(\frac{I_{\mathrm{II}} A_{\mathrm{I}} g_{\mathrm{I}} \lambda_{\mathrm{II}}}{I_{\mathrm{I}} A_{\mathrm{II}} g_{\mathrm{II}} \lambda_{\mathrm{I}}}\right) = \ln\left(\frac{2\left(2\pi m_e k_B T\right)^{\frac{3}{2}}}{n_e h^3}\right) - \frac{E_{ion} - \Delta E + E_{\mathrm{II}} - E_{\mathrm{I}}}{k_B T}$$

$$(3.19)$$

为了将原子和离子的谱线进行统一处理、比较，本研究设

$$E'_{\mathrm{II}} = E_{ion} - \Delta E + E_{\mathrm{II}} \qquad (3.20)$$

$$\ln\left(\frac{I_{\mathrm{II}} \lambda_{\mathrm{II}}}{A_{\mathrm{II}} g_{\mathrm{II}}}\right)' = \ln\left(\frac{I_{\mathrm{II}} \lambda_{\mathrm{II}}}{A_{\mathrm{II}} g_{\mathrm{II}}}\right) - \ln\left(\frac{2\left(2\pi m_e k_B T\right)^{\frac{3}{2}}}{n_e h^3}\right) \qquad (3.21)$$

则式（3.19）可以重新写为：

$$\ln\left(\frac{I_{\rm II}\lambda_{\rm II}}{A_{\rm II}g_{\rm II}}\right)' - \ln\left(\frac{I_{\rm I}\lambda_{\rm I}}{A_{\rm I}g_{\rm I}}\right) = \frac{E'_{\rm II} - E_{\rm I}}{k_B T} \tag{3.22}$$

然后利用迭代法可求解 $T$ 的值。

### 3.1.3　电子数密度

为了正确地从谱线展宽中提取电子密度，需要了解不同谱线的展宽机制。每一种都对谱线有特殊的影响。例如，一些谱线可以用高斯分布表示，而另一些用洛伦兹分布表示。下面将对此作更详细的解释，然后再介绍电子数密度的测定方法。

在实验过程中，用光谱仪采集得到谱线并不是单一波长的，而是一定的波长范围内连续变化的曲线，形状如图 3.2 所示。谱线以 $\lambda_0$ 为中心波长，对应于 $\lambda_0$ 处的谱线强度 $I_0$ 称为峰值强度，谱线峰值强度一半即 $I_0/2$ 处所对应的波长记为 $\lambda_1$ 和 $\lambda_2$，可以将这个波长差记为 $\Delta\lambda = \lambda_2 - \lambda_1$。$\Delta\lambda$ 就是谱线的半峰全宽（full widthaf half maximun，FWHM）。对谱线按照特定的线型进行拟合，就可以对其进行计算。

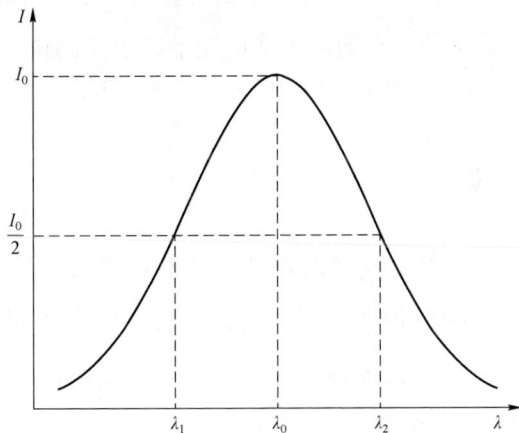

图 3.2　中心波长为 $\lambda_0$，峰值强度为 $I_0$ 的 LIBS 谱线的形状

谱线的线型与展宽机制有关，主要展宽机制包括一下几种：自然展宽（Natural broadending）、多普勒展宽（Doppler broadending）、斯塔克展宽（Stark broadening）、范德瓦尔斯展宽（Van der Waals broadening）、仪器展宽（Instrumental broadening）、自吸收导致的展宽等[128]。

### 3.1.3.1 自然展宽

不确定性原理将激发态的粒子寿命（由于自发辐射衰减）与其能量的不确定性联系起来：

$$\Delta E \cdot \Delta \tau \geqslant \hbar \qquad (3.23)$$

上式中 $\Delta E$ 是能级宽度，$\Delta \tau$ 是这个激发态上粒子的寿命。随着激发态的粒子的寿命变短，能量的不确定性和辐射谱线展宽会增加。这种展宽效应称为自然展宽，谱线呈洛伦兹线型，FWHM 可以表示为：

$$\Delta \lambda_{ki} = \frac{\lambda_{ki}^2}{2\pi c} \left( \sum_m A_{mk} + \sum_n A_{ni} \right) \qquad (3.24)$$

式中，下标 $k$ 和 $i$ 分别对应于谱线跃迁的上、下能级，$A_{mk}$ 和 $A_{ni}$ 分别代表来自这两个能级 $k$ 和 $i$ 的所有谱线的跃迁概率。自然展宽是无法消除的，是谱线实际宽度的理论极限。在 300 nm 的光谱范围内，该展宽大约为 $5 \times 10^{-5}$ nm，实际应用过程中这个展宽是很小的，无法用光谱的手段测量，与其他展宽相比可以忽略不计。

### 3.1.3.2 多普勒展宽

不仅声波有多普勒效应，光波也是同样的，等离子体中辐射粒子是不断运动的，当粒子朝探测器飞来时，采集到的光将会蓝移，当粒子朝探测器飞远时，采集到的光将会红移。这种由粒子与探测器之间相对运动所引起的展宽称为多普勒展宽[129]。对于处于热平衡状态的等离子体中的粒子被认为具有麦克斯韦速度分布，这导致了多普勒展宽为高斯线型。在这种情况下，展宽仅取决于谱线的波长、发射粒子的质量和它们的温度，可以表示为：

$$\Delta\lambda_D = 2\sqrt{\ln 2}\sqrt{2k_B T\lambda_0^2 / mc^2} \tag{3.25}$$

式中，$m$ 是粒子质量，对于 LIBS 中常用的光谱范围，多普勒展宽不是主要的谱线展宽机制。当等离子体温度极高（$10^5$ K）时，相应的多普勒展宽仅为 0.01 nm，与实际的谱线宽度相比，这是可以忽略的。

### 3.1.3.3　斯塔克展宽

由于重粒子（离子或原子）在与带电粒子碰撞时，辐射跃迁所涉及的两个能级会发生扰动，同时减小粒子激发态的寿命，从而导致斯塔克展宽。斯塔克展宽主导的谱线是均匀加宽的，且具有洛伦兹线型[130]，可以表示为：

$$\Delta\lambda_L = \frac{2P\sigma}{\pi kT}\left[2\pi RT\left(\frac{1}{m} + \frac{1}{M}\right)\right]^{1/2} \tag{3.26}$$

式中，$P$ 是压力，$\sigma$ 是碰撞参数，$R$ 是通用气体常数，$m$ 和 $M$ 分别是电子及辐射原子的质量。

### 3.1.3.4　范德瓦尔斯展宽

当发射粒子受到范德瓦尔斯力的干扰时，会发生范德瓦尔斯展宽。能量随距离变化的函数可以由伦纳德-琼斯（Lennard-Jone）势给出。例如，在温度约为 7 000 K 和原子数密度为 $10^{18}$ cm$^{-3}$ 的条件下，在中心波长为 810 nm 的条件下，Ar 原子碰撞的展宽约为 0.003 56 nm，在 LIBS 中也可以忽略不计。

### 3.1.3.5　仪器展宽

用光谱仪观测到的谱线形状和谱线宽度也会受采集狭缝、孔径光阑的衍射和光学元件的影响。观测到的线型是真实线型与仪器传递函数的卷积。确定光谱仪仪器展宽的方法是扫描一条宽度与仪器的内在展宽相比非常小的线。仪器展宽通常可以近似为高斯分布。

### 3.1.3.6 自吸收导致的展宽

根据第 1.3 节的讨论，自吸收会导致发射谱线的变形。因此会产生明显的谱线展宽。如果自吸收来自低电子密度的等离子体边界，并且所用光谱仪的光谱分辨率足够高，谱线甚至会出现自蚀。但更常见的情况是，自吸收比较轻微，只是略微影响了谱线的形状[131]。因此，很难直接从观察到的线的形状来判断自吸收是否发生。

对于 LIBS，在等离子体形成的初期，当等离子体比较稠密、电子数密度比较高时，斯塔克展宽是主导的展宽机制，自然展宽和多普勒展宽可以不用考虑。当等离子体膨胀和冷却时，其内部的电子数密度变低，多普勒展宽取代斯塔克展宽占据主导地位。下面介绍电子数密度的计算方法，主要有两种：斯塔克展宽法和萨哈-玻耳兹曼法。

（1）斯塔克展宽法。LIBS 谱线的斯塔克展宽取决于原子结构和辐射发生的环境。在等离子体内部，有两种类型的带电粒子：离子和电子，离子的作用可以用准静态近似来考虑，电子的作用可以用碰撞效应近似来考虑[132]。在典型的 LIBS 条件下，离子引起的展宽与电子引起的展宽相比可以忽略不计[133]，所以如果已知原子和离子发射谱线的展宽，就可以确定等离子体中的电子密度。斯塔克展宽 $\Delta\lambda_{1/2}$ 和电子数密度 $n_e$ 关系式如下：

$$\Delta\lambda_{1/2} = 2\omega\left(\frac{n_e}{10^{16}}\right) + 3.5A\left(\frac{n_e}{10^{16}}\right)^{1/4} \times \left(1 - \frac{3}{4}N_D^{-1/3}\right)\omega\left(\frac{n_e}{10^{16}}\right)$$

（3.27）

式中，$\omega$ 是电子碰撞展宽参数，$A$ 是离子的展宽参数，$N_D$ 是在德拜球中的粒子数：

$$N_{\mathrm{D}} = 1.72 \times 10^9 \frac{T^{3/2}(\mathrm{eV})}{n_{\mathrm{e}}^{1/2}(\mathrm{cm}^{-3})} \tag{3.28}$$

式（3.27）右边的第一项是电子碰撞引起的展宽，第二项是离子碰撞引起的展宽，这一项可以忽略不计，因此电子密度可以表示为：

$$n_{\mathrm{e}} = 10^{16} \times \left( \frac{\Delta\lambda_{1/2}}{2\omega} \right) \tag{3.29}$$

对类氢原子，谱线更容易满足光学薄，计算一般使用波长为 656.3 nm 的氢 $H_\alpha$ 线，电子密度可以表示为：

$$n_e(\mathrm{cm}^{-3}) = 10^{17}[\Delta\lambda_{1/2}(\mathrm{nm}) / 0.549]^{1.4713} \tag{3.30}$$

根据上述的展宽机制，只有仪器展宽和斯塔克展宽对 LIBS 观测到的光谱影响比较大。谱线呈现福格特（voigt）线型，是由仪器展宽具有的高斯线型和斯塔克展宽具有的洛伦兹线型卷积而来。仪器展宽记为 $\Delta\lambda_I$ 观察到的谱线宽度记为 $\Delta\lambda_{\mathrm{total}}$，则谱线的斯塔克展宽可以表示为[47]：

$$\Delta\lambda_{1/2} = \frac{\Delta\lambda_{\mathrm{total}}^2 - \Delta\lambda_I^2}{\Delta\lambda_{\mathrm{total}}} \tag{3.31}$$

（2）萨哈-玻耳兹曼法。式（3.17）已经体现出了电子数密度和谱线强度的关系，转换后可以得到：

$$n_e = \left( \frac{I_{\mathrm{I}} A_{\mathrm{II}} g_{\mathrm{II}} \lambda_{\mathrm{I}}}{I_{\mathrm{II}} A_{\mathrm{I}} g_{\mathrm{I}} \lambda_{\mathrm{II}}} \right) \left( \frac{2(2\pi m_e k_B T)^{\frac{3}{2}}}{h^3} \right) \exp\left( -\frac{E_{ion} - \Delta E + E_{\mathrm{II}} - E_{\mathrm{I}}}{k_B T} \right) \tag{3.32}$$

将常数代入式（3.32），可以简化为

$$n_e = 6.04 \times 10^{21} \left( \frac{I_{\mathrm{I}} A_{\mathrm{II}} g_{\mathrm{II}} \lambda_{\mathrm{I}}}{I_{\mathrm{II}} A_{\mathrm{I}} g_{\mathrm{I}} \lambda_{\mathrm{II}}} \right) T^{\frac{3}{2}} \exp\left( -\frac{E_{ion} - \Delta E + E_{\mathrm{II}} - E_{\mathrm{I}}}{k_B T} \right) \tag{3.33}$$

通过同一元素的一条原子发射谱线和一条一次电离的离子谱线就可以计算出电子数密度。

### 3.1.4　自吸收校正

自吸收的校正方法很多，如生长曲线法、自吸收系数法、谱线拟合和等离子体建模法、倍程镜法、激光/微波辅助激发法等。由于本书只有在求等离子体参数时校正了自吸收，因此只选用了简单快速的自吸收系数法对光谱的强度进行了校正。

自吸收系数（self absorption，SA）是表征激光诱导等离子体自吸收程度的系数。对于中心波长为 $\lambda_0$ 的发射谱线，SA 可以用实验中测量得到的峰值强度 $I(\lambda_0)$ 与理论上得到峰值强度 $I_0(\lambda_0)$（即无自吸收、光学薄状态下）的比值来表示[134,135]：

$$SA = \frac{I(\lambda_0)}{I_0(\lambda_0)} = \frac{1-e^{-k(\lambda_0)l}}{k(\lambda_0)l} = \Delta\lambda_0 \frac{(1-e^{-K/\Delta\lambda_0})}{K} \tag{3.34}$$

式中，$\Delta\lambda_0$ 是理论上发射谱线的半宽，并且光学深度可以表示为：

$$k(\lambda_0)l = K/\Delta\lambda_0 = 2\frac{e^2}{mc^2 \cdot \Delta\lambda_0} n_i f \lambda_0^2 l \tag{3.35}$$

除了上述定义式，自吸收系数还可表示为：

$$SA = \left(\frac{\Delta\lambda}{\Delta\lambda_0}\right)^{1/\alpha} = \left(\frac{\Delta\lambda}{2w_s}\frac{1}{n_e}\right)^{1/\alpha} \tag{3.36}$$

式中，$\alpha = -0.54$，$\Delta\lambda$ 是实验中测量得到的谱线的半宽，$w_s$ 是斯塔克展宽参数[136]，$n_e$ 可以根据上一节求光学薄等离子体的电子数密度的方法，用氢 $\alpha$ 线的斯塔克展宽得到。得到自吸收系数后，将实验测量得到的谱线除以自吸收系数就可以实现自吸收校正。

其他的自吸收校正方法必须对一些无法直接测量得到的参数例如光学深度、粒子数密度等进行估算。从式（3.36）可以知道，自吸收系数法的优势在于，其仅需要利用谱线半宽和电子密度两个参数就可以快速计算，而这两个参数在实验上是很容易获得的。

## 3.2　等离子体瞬态成像技术

通过阅读文献发现，曾经有研究者采用不同的技术获得了等离子体中不同粒子发射强度的二维分布[137]，下面进行总结。

1. 窄带滤波光片法[93]，该方法利用 ICCD 并使用一个待测粒子相应的滤光片对等离子体进行成像，但是由于等离子体演化初期具有较强的连续发射背景，使用单个滤光片无法将其滤除，所成图像的信噪比不高，因此并不适用于短延时（<1 μs）。

2. 声光或液晶可调谐滤光器法[98,138]，即通过将可调谐滤光器的波长调到与待测粒子发射谱线一致，再加上 ICCD，可以实现等离子体中粒子分布的成像。但受滤光器工作波长范围限制，这种方法只能在可见光范围内成像，并且这些滤光器介质中的光损耗较大，因此灵敏度较差。

3. 傅里叶变换可见光谱法[99]，通过机械驱动扫描干涉仪和普通 CCD 采集等离子体的干涉图，再对其进行傅里叶变换，就能获得等离子体中不同粒子分布的成像图。这种方法的主要局限性在于它提供的是时间积分的信息，无法得到时间分辨的成像。

4. 光纤阵列或狭缝扫描技术[72,94-97,137,139-141]，即利用芯径很小的光纤（一般为几百微米）或直接用光谱仪的狭缝来扫描和采集经透镜放大后等离子体像不同位置的光，并传入光谱仪处理，从而获得粒子分布信息。但这种方法获得的图像采样点少、分辨率低，并且采集过程十分复杂、耗时长。

5. 双波长差分光谱成像法[100]，可以实现等离子体中粒子的快速成像，每个待测的粒子都选择了一对适当的窄带滤光片进行成像。Yu 等人用这个方法研究了环境气体中的铝等离子体，探索了等离子体的结构和动力学及激光通量和脉冲宽度对它们的影响[101-103]。还观察了来自聚合物的等离子中的 CN 和 $C_2$ 分子的时空分布演化[142]。Hou 等人[143]利用这种光谱成像技术研究了激光诱导等离子体中 AlO 自由基的形成机制。这种方法效果很好，符合本研究的要求，因此本研究选用双波长差分光谱成像法来进行粒子分布的瞬态成像[144]，下面介绍这种成像方法。

等离子体发出的光并不是单色的，但利用滤光片和 ICCD 可以对等离子体进行单色成像，如第 2.5 节所述，等离子体的光谱是粒子发射谱线和连续背景的叠加。因此，必须使用一对滤光片，其中一个以粒子发射谱线为中心（F1），另一个的中心在粒子发射谱线外（F2）并且透过半宽内无任何谱线，两个滤光片获得的图像相减得到的就是粒子发射光的图像。这种方法可以直接获得等离子体的形貌和结构，直观地观察等离子体中各种粒子的演化过程。

1. 用 3.1 节所述时空分辨光谱法采集等离子体光谱，选择合适的发射谱线作为待测粒子的特征谱线。

2. 根据第一步选取的待测粒子特征谱线，选择合适的 F1 和 F2，F1 的透射波长与选取的待测粒子的发射谱线的波长相同，F2 的透射波长在待测粒子的发射谱线波长附近，并在其带宽内不存在干扰谱线，只有连续背景的光谱。

3. 等离子体发出的光经 F1 过滤后仅留下待测粒子的发射光，并用 ICCD 进行记录，得到的图像是包含连续背景的粒子发射强度分布图。然后同样地用 F2 得到连续背景强度图像。

4. 计算 F1 和 F2 所得图像的校正系数 C：

$$C = \int_{\lambda_1}^{\lambda_2} L_1(\lambda)\mathrm{d}\lambda \left/ \int_{\lambda_3}^{\lambda_4} L_2(\lambda)\mathrm{d}\lambda \right. \tag{3.37}$$

其中，$L_1(\lambda)$ 和 $L_2(\lambda)$ 分别为滤光片 F1、F2 的透过率曲线，$\lambda_1$ 和 $\lambda_2$ 为 $L_1(\lambda)=0$ 时所对应的波长，$\lambda_1 < \lambda_2$，$\lambda_3$ 和 $\lambda_4$ 为 $L_2(\lambda)=0$ 时所对应的波长，$\lambda_3 < \lambda_4$。

5. 将滤光片 F1 获得的包含连续背景的粒子发射强度分布图像减去校正系数 C 和滤光片 F2 得到的连续背景图像的乘积，得到的就是待测粒子发射光的强度分布图像。

6. 目前获得的图像是沿视线的空间积分图像，对其进行高斯平滑和阿贝尔（Abel）反演，才能获得等离子体内部粒子的二维发射强度分布图。阿贝尔反演可以应用的前提是等离子体是轴对称的：如图 3.3 所示，$x$ 轴为激光入射的反方向，也是等离子体对称轴，$z$ 轴为 ICCD 的拍照方向，第五步得到的图像其实是沿 $z$ 轴等离子体内部各点发射率的总和，与 $z$ 轴距离为 $y$ 的粒子发射光的强度积分 $I(y)$ 可以表示为：

$$I(y) = 2 \int_0^{\sqrt{R^2 - y^2}} \varepsilon(\sqrt{z^2 + y^2})\, \mathrm{d}z = 2\int_y^R \frac{\varepsilon(r) r \mathrm{d}r}{\sqrt{r^2 - y^2}}, \quad (0 < r < R) \quad （3.38）$$

其中，$R$ 是等离子体半径，$\varepsilon(r)$ 是径向距离为 $r$ 处的粒子的局部发射率，当 $r \geqslant R$ 时，$\varepsilon(r) = 0$，$\varepsilon(\sqrt{z^2 + y^2})$ 是距 $x$ 轴 $\sqrt{z^2 + y^2}$ 处的局部发射率。对式（3.38）进行阿贝尔反演后得到：

$$\varepsilon(r) = -\frac{1}{\pi} \int_{-y}^R \frac{\mathrm{d}I(y)}{\mathrm{d}y} \frac{\mathrm{d}y}{\sqrt{y^2 - r^2}} \quad （3.39）$$

由于 ICCD 拍照测量到的等离子体强度值是一组二维的离散数据，为了进行反演，可以使用一种离散的方法，将发射率值与实验测量得到的强度通过二维矩阵直接联系起来，即

$$\varepsilon(r_i) = \sum_{j=0}^n P_{ij} I(x_j) \quad （3.40）$$

式中，$n$ 为等离子体对称轴一侧的像素数目，$r_i = i\Delta r \ (i = 0, 1, \cdots, n)$，$y_j = j\Delta y$ $(j = 0, 1, \cdots, n)$，$\Delta r = \Delta y = R/n$，$\Delta r$ 和 $\Delta y$ 代表数据间隔。因为 $\varepsilon(r_i)$ 的重建只执行一个求和算法，如果不考虑噪声过滤过程并提前计算反演矩阵 $P_{ij}$，重建速度会非常快，因此矩阵形式的反演尤其适用于大量数据的快速处理。

傅里叶-汉克（Fourier-Hankel）方法是常用的阿贝尔反演方法[145]，不仅可以重建等离子体的投影图像[146,147]还能用于带电粒子成像[148,149]。对式（3.37）进行傅里叶变换，可以看出 $I(y)$ 的傅里叶变换等于 $\varepsilon(r)$ 的零阶汉克变换。因此，发射率可以通过逆汉克尔变换重构[150-153]：

$$\varepsilon(r)=\frac{1}{2\pi}\int_0^\infty G(\omega)\omega J_0(\omega r)\,\mathrm{d}\omega \tag{3.41}$$

式中，$G(\omega)$ 为积分强度的连续傅里叶变换，$J_0(\omega r)$ 为第一类零阶贝塞尔（Bessel）函数：

$$J_0(\omega r)=\frac{2}{\pi}\int_r^\infty \frac{1}{\sqrt{x^2-r^2}}\sin(\omega z)\,\mathrm{d}\omega \tag{3.42}$$

当频率间隔 $\Delta\omega=\alpha\pi/R$ 时，可以将式（3.41）离散为：

$$\varepsilon(r_i)=\frac{\alpha^2\pi}{2nR}\sum_{k=1}^n kG(\alpha k)J_0\left(\frac{\alpha ik\pi}{n}\right) \tag{3.43}$$

$$G(\alpha k)=\sum_{j=-n}^{n-1} I(y_j)\cos\left(\frac{\alpha ik\pi}{n}\right) \tag{3.44}$$

式中的 $\alpha$ 取值为1。

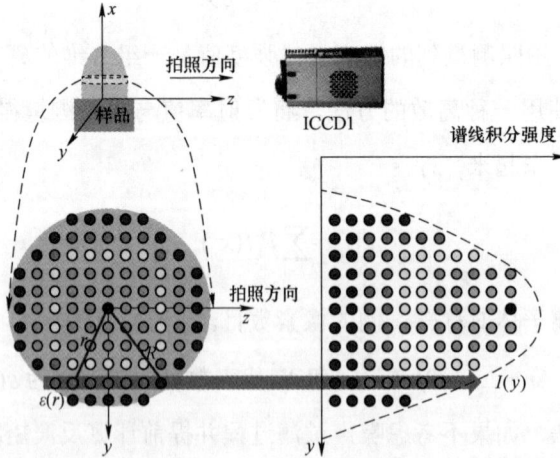

图 3.3　Abel 反演示意图

本研究用激光在氩气环境中诱导纯铝样品（铝含量在 99.9% 以上）产生等离子体，并采集图像，下面将以等离子体中氩原子的分布成像为例，对上述的瞬态成像方法进行更加详细的说明。

1. 如图 3.4 为等离子体在 745~800 nm 波段的光谱，由图可见，氩原子763.51 nm 谱线强度高并且附近也没有其他谱线的干扰，因此这条特征谱线十分适合代表氩原子。

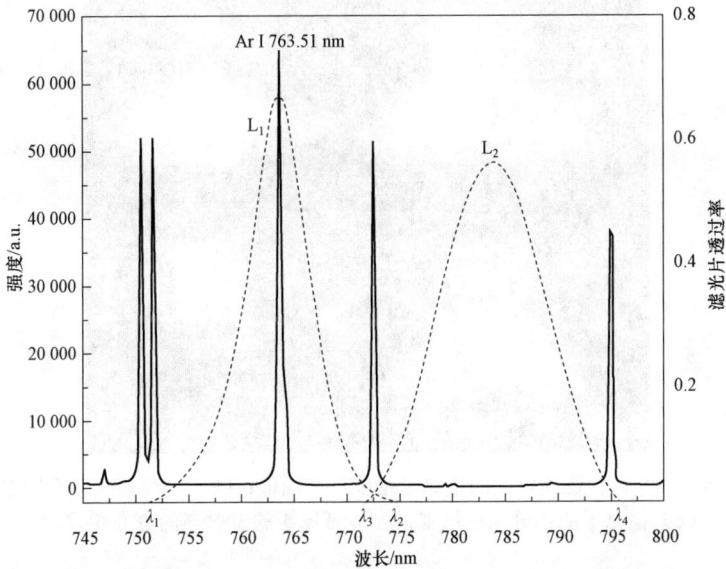

图 3.4　氩气中的激光诱导铝等离子体在 745～800 nm 波段的发射光谱以及氩原子成像所选取的两个窄带滤光片 $F1$、$F2$ 的透过率曲线图

2. 根据氩原子 763.51 nm 谱线，可以选择合适的 $F1$ 和 $F2$，$F1$ 的透射波长为 764 nm，$F2$ 的透射波长为 784 nm，在 763.51 nm 附近，并在其 10 nm 的带宽内不存在干扰谱线，只有连续背景的光谱。$F1$ 和 $F2$ 的透过率曲线也在图 3.4 中展示。

3. 在 400 ns 延时和 20 ns 门宽的条件下，分别用滤光片 $F1$ 和 $F2$ 对等离子体成像。其中，用滤光片 $F1$ 拍摄得到的包含连续背景的氩原子强度分布图像在图 3.5（a）中展示，用滤光片 $F2$ 拍摄的连续背景强度图像在图 3.5（b）中展示。

4. 根据式（3.37）求校正系数 $C$ 的值。滤光片 $F1$ 和 $F2$ 的透过率曲线为 $L_1(\lambda)$ 和 $L_2(\lambda)$，由图 3.4 可以得到 $\lambda_1 = 751.10$ nm，$\lambda_2 = 774.24$ nm，$\lambda_3 = 772.20$ nm，$\lambda_4 = 795.07$ nm，$\displaystyle\int_{\lambda_1}^{\lambda_2} L_1(\lambda)\,\mathrm{d}\lambda = 5.32$，$\displaystyle\int_{\lambda_3}^{\lambda_4} L_2(\lambda)\,\mathrm{d}\lambda = 6.75$，则 $C = 0.77$。

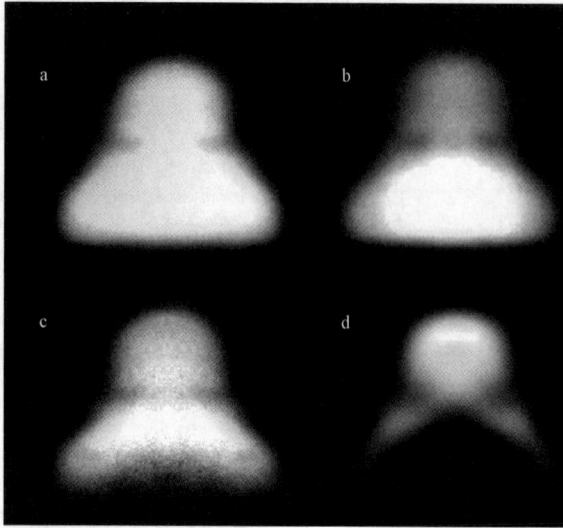

图 3.5　（a）包含连续背景的氩原子强度分布图像；（b）连续背景强度图像；
（c）氩原子的积分强度图像；（d）氩原子的发射率的分布图像。

5. 用包含连续背景的氩原子强度分布图像［图 3.5（a）］减去连续背景强度图像［图 3.5（b）］与校正系数 C 的乘积，得到如图 3.5（c）所示的氩原子的积分强度图像。

6. 氩原子的积分强度图像［图 3.5（c）］进行高斯平滑，再利用式（3.43）和式（3.44）进行基于傅里叶汉克变换的 Abel 反演，得到如图 3.5（d）所示的氩原子发射率的分布图像。

当测量多种粒子的发射率图像时，为了减少波动和提高信噪比，每个粒子成像都进行了累加并使用相应合适的 ICCD 增益，由于每种粒子都有自己的发射强度和 ICCD 增益系数，发射率图像之间的亮度差异很大，如果不进行归一化，很难在一张图像中进行比较。因此，需要利用图像处理程序对发射率图像进行最大归一化，并用红绿蓝（RGB）颜色模型进行多粒子等离子体图像显示。具体来说，将每个粒子的单色图像在 Photoshop 中以"screen"的图层混合模式进行叠加。

需要注意的是，校正等离子体的温度、电子数密度和压力梯度后，粒子发射强度的空间分布才可以代表相应元素的粒子数密度分布。然而，粒子瞬态成像的目的是定性分析等离子体的形态和结构，而不是定量分析粒子数密度的空间分布。因此，不需要对谱线的强度进行校正，也不需要考虑自吸收效应。

## 3.3　本章小结

本章详细介绍了两种等离子体时空分辨检测技术（时空分辨的光谱层析技术和等离子体瞬态成像技术）的具体测量方案和相应数据处理方法。

在光谱测量技术方面，选取合适的检测参数可以得到时间和空间分辨的发射光谱。然后从发射光谱中可以提取等离子体的有用信息。除此之外还具体讨论了在 LTE 态下的等离子体发射光谱诊断的原理，介绍了 LTE 态并对其判定方法进行了总结。在 LTE 态下，玻耳兹曼分布、麦克斯韦分布等统计学定律可以被应用到计算等离子体的参数中。电子数密度可以用实验得到的谱线去掉仪器展宽得到斯塔克展宽来测定，而等离子体温度在本书中都采用了玻耳兹曼平面法测定。另外还介绍了用自吸收系数法进行自吸收校正的具体步骤。

在图像测量技术方面，首先讨论了用粒子瞬态成像技术获得等离子体中粒子的发射率图像的原理，其次举例说明了所研究粒子代表性谱线的选择方法、校正系数的计算方法以及图像高斯平滑和阿贝尔反演的方法。

本章所介绍的技术和方法是理解实验内容和结论的基础，在第 4 章和第 5 章将进一步结合实验具体介绍。

# 二元难混溶铝锡合金表面等离子体的时空演化机制

根据合金的液相分离特性，可将合金分为难混溶合金和易混溶合金。难混溶合金和易混溶合金物理性质不同，难混溶合金具有明显的液相分离特性，而易混溶合金不具有这种特征。本章研究二元难混溶合金表面等离子体内部的多态粒子时空分布结构的演化机制，这里的粒子分布是指等离子体中来自样品和环境气体的粒子层的分布顺序。本章将通过瞬态粒子成像的方法探讨 LSA 波类型与粒子分布结构间关系及相关依赖因素，以便深入理解激光后烧蚀作用的机理。同时还研究了 LSC 波和 LSD 波等离子体的特征，如羽流形态、等离子体中的粒子寿命、等离子体内部结构、粒子衰减速度等。最后，从理论上和光谱上验证了所得结论。

为了产生不同 LSA 波类型的等离子体，本章将通过接近合金激发阈值的低辐照度激光产生 LSC 波主导型等离子体，采用高辐照度的激光产生 LSD 波主导型等离子体。为了研究样品元素比例对等离子体粒子分布结构的影响，选取了三种成分配比悬殊的二元合金作为待测样品。

# 4.1　构造激光支持吸收波等离子体

LIBS 实验装置如图 4.1 所示，掺钕钇铝石榴石晶体激光（Spectra Physics，INDIHG-20S）的波长为 1 064 nm，脉宽为 7 ns，重复频率为 20 Hz。用镀银平面镜（M）改变激光束的方向，然后通过半波片（HWP）和偏振分束器（PBS）将其分为两束。利用绝对校准的能量计（Newport，2936-R）来测量被 PBS 反射的部分激光，以监测入射激光能量。激光束通过 50 mm 焦距的平凸透镜（L1）聚焦。样品被安装在一个集成式电控三维平台上。移动 $x$ 轴方向可以控制样品与透镜之间的距离，移动 $y$-$z$ 方向可以使脉冲激光每次都打在样品表面不同的位置，避免重复打在同一个点对等离子体稳定性产生影响。在烧蚀前需要对样品表面进行打磨、抛光和清洗。两个气管放置在样品表面上方，在激光聚焦点附近连续吹出惰性气体氩气，确保等离子体在常压下的纯氩气环境中膨胀。需要注意的是，等离子体的轴向用 $x$ 表示（即激光入射的相反方向），径向用 $r$ 表示。

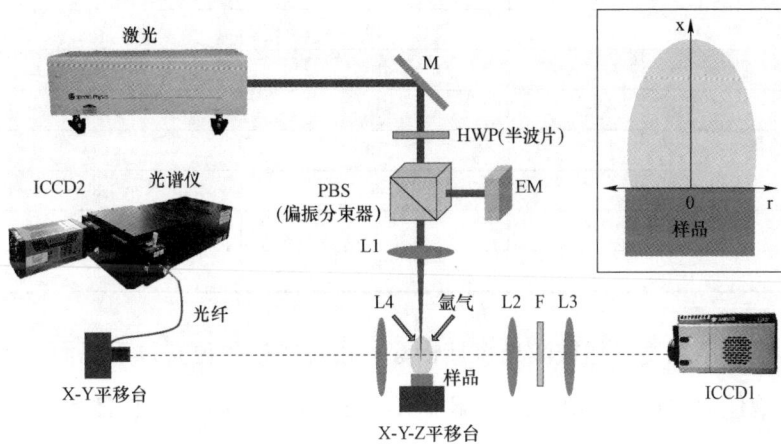

图 4.1　LIBS 实验装置图（M：反射镜；PBS：偏振分光棱镜；HWP：半玻片；EM：能量计；L1、L2、L3 和 L4：透镜；F：滤光片；ICCD：增强型门控相机）

　　垂直于激光入射轴的等离子体的左侧，透镜 L4 用于将等离子体图像放大 6 倍。来自等离子体不同轴向和径向位置的发射光被安装在 X-Y 平移台上的光纤所收集传输到一台配有增强型门控相机 ICCD1（Andor，iStar DH334T-18U-03）的光栅光谱仪（Andor，Mechelle 5000）。使用低压汞灯（Newport，6048）校准光谱仪的波长，氘卤素光源（Avavtes，AvaLightDH-S-BAL）校准光谱强度。采集光纤的芯径为 0.2 mm，等离子体的大小约为 1 mm，放大后的等离子体大约 6 mm，以 0.5 mm 为间隔移动光纤，确保光纤采集的光来自等离子体不同位置。

　　垂直于激光入射轴的等离子体的右侧，另一个 ICCD2（Andor，iStar DH334T-18U-03）通过由两个透镜（L2 和 L3）和窄带滤波片（F）组成的 4F 系统来记录该粒子的图像，实验中用到的窄带滤波片的具体参数列在表 4.1 中。

表 4.1　实验所用窄带滤波片的具体参数

| 中心波长/nm | 带宽/nm | 透过率/% |
| --- | --- | --- |
| 358 | 10 | 60 |
| 365 | 10 | 50 |
| 370 | 10 | 50 |
| 380 | 10 | 53 |
| 396 | 10 | 60 |
| 488 | 6 | 80 |
| 522 | 10 | 73 |
| 530 | 8 | 82 |
| 764 | 6 | 67 |
| 786 | 10 | 55 |

　　为了避免环境气体被激光直接击穿，透镜的聚焦位置位于表面之下。为了寻找最佳的位置，本研究通过调节 X-Y-Z 平移台的 $x$ 轴，使样品上下移动，控制透镜焦点和样品表面之间的距离（从 0.5 mm 到-2 mm，负号表示激光聚焦在样品表面的下方），得到在 20 ns、150 ns 和 500 ns 延时下 25 mJ 激光脉冲

诱导的等离子体图像（图 4.2），对应的 ICCD 门宽分别为 2 ns、5 ns 和 20 ns。该批图像是等离子体的发射光经过（396±5）nm 的窄带滤光片后得到的，每幅图像都累加了 60 次并用各自的最大值进行了归一化，样品表面对应于每一幅图的底部白线。所用的样品为铝锡合金。当聚焦点在样品表面之上或非常接近表面时（0～0.5 mm），等离子体体积明显很小且呈球形，而其他距离产生的等离子体会因样品表面的限制呈半球形。这表明近距离产生的等离子体离开了样品表面，激光很可能击穿了空气。0 mm、150 ns 时的等离子体分为两个部分：电离的空气和来自材料的蒸气。当焦点低于表面 0.5～1 mm 时（即 –0.5 mm 和 –1 mm），等离子体变得更加对称，通过实验观察也可以发现，处于这种情况下的等离子体更加稳定。随着焦点移动到样品表面下更深的位置（–1.5～–2 mm），等离子体变得扁平，这是由于此时样品表面的激光光斑变得较大，相应的辐照度较低，导致等离子体的发射光强减弱。在本书后续实验中，激光焦点均位于样品表面下方 1 mm 处。

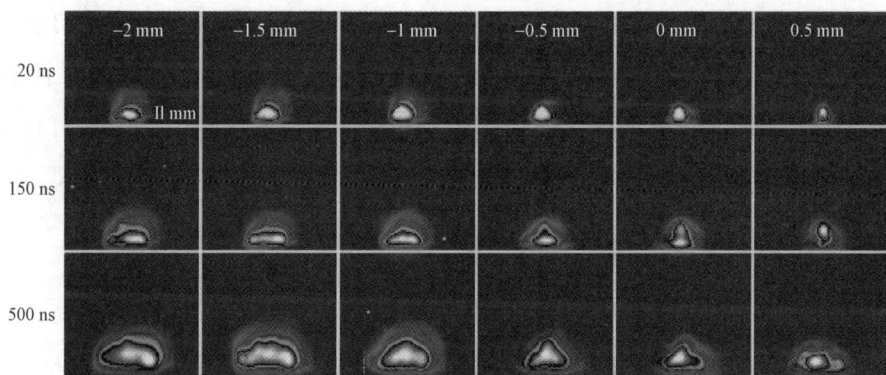

图 4.2　不同聚焦条件下 25 MJ 激光诱导等离子体在 396 nm 的图像。测量时间为：20 ns、150 ns 和 500 ns，相应门宽分别为 2 ns、5 ns 和 20 ns，激光脉冲焦点与靶面距离分别为 0.5 mm、0 mm、–0.5 mm、–1 mm、–1.5 mm、–2 mm

利用读数显微镜测量样品表面烧蚀坑直径，即可求得激光辐照度。经实验统计，烧蚀坑的直径为（0.3±0.02）mm，这表明激光辐照度会稍微影响烧蚀坑直径。

接下来介绍如何产生 LSC 波或 LSD 波型等离子体。产生两种类型等离子体最简单的方法就是控制激光辐照度的大小，通常低辐照度激光诱导可产生 LSC 波型等离子体，高辐照度激光诱导可产生 LSD 波型等离子体。改变照射到样品表面的激光辐照度的大小并用光谱仪采集发射光谱，找到没有发射谱线的临界阈值（即样品的击穿阈值），选取稍高于此阈值的激光辐照度，此时的等离子体就是 LSC 波型等离子体。选取比击穿阈值高得多的激光辐照度来诱导产生 LSD 波型等离子体。如要验证等离子体的传播机制，需要用 2.4 节中两种类型等离子体的形貌特征来对比，进而判断所选取的激光辐照度是否合理。

为了更清楚地了解二元难混溶合金诱导产生的等离子体中粒子的时空分布，选择了具有液相分离特性、熔点约为 870 K 的铝锡合金。选择这种合金的原因是因为铝和锡两种元素的物理性质（表 4.2）差异显著，如熔点和原子质量，并且它们具有特征发射光谱谱线稀疏、无干扰的性质。本实验以三种不同配比的铝锡合金为样品，铝锡的质量比分别为 7∶3、5∶5 和 3∶7，相应的元素原子数密度比约为 10∶1、4∶1 和 2∶1。本研究中使用的激光辐照度分别为 10 GW/cm$^2$ 和 1 GW/cm$^2$（略高于铝锡合金的击穿阈值 0.6 GW/cm$^2$）。为了获得时间分辨发射率图像，ICCD2 采用的延时和门宽分别为 20 ns、60 ns、200 ns、400 ns、800 ns、1 000 ns 和 2 ns、2 ns、5 ns、20 ns、50 ns、50 ns。

表 4.2　Al 和 Sn 的熔点、沸点、相对原子质量以及代表 Al、Sn 和 Ar 的原子和离子的发射谱线的波长、上下能级能量和跃迁概率、用于成像的滤光片的中心波长。此外还列出了不同激光辐照度下观察各粒子所设置的 ICCD 增益

| 元素 | 熔点/K | 沸点/K | 相对原子质量 | 粒子 | 发射谱线/nm | 下能级/eV | 上能级/eV | 跃迁概率/$10^7$ s$^{-1}$ | $F1$ 的中心波长/nm | $F2$ 的中心波长/nm | ICCD 增益 | |
| --- | --- | --- | --- | --- | --- | --- | --- | --- | --- | --- | --- | --- |
| | | | | | | | | | | | 1.2 GW/cm$^2$ | 10 GW/cm$^2$ |
| 铝 | 933 | 2 260 | 27 | Al I | 394.40 | 0.00 | 3.14 | 4.99 | 396 | 370 | 200 | 50 |
| | | | | | 396.15 | 0.01 | 3.14 | 9.85 | | | | |
| | | | | Al II | 358.66 | 11.85 | 15.30 | 23.5 | 358 | 370 | 200 | 50 |
| 锡 | 504 | 2 533 | 119 | Sn I | 380.10 | 1.07 | 4.33 | 2.80 | 380 | 370 | 200 | 50 |
| | | | | Sn II | 533.23 | 8.86 | 11.19 | 9.90 | 530 | 522 | 500 | 200 |

续表

| 元素 | 熔点/K | 沸点/K | 相对原子质量 | 粒子 | 发射谱线/nm | 下能级/eV | 上能级/eV | 跃迁概率/$10^7 s^{-1}$ | F1 的中心波长/nm | F2 的中心波长/nm | ICCD 增益 1.2 GW/cm² | ICCD 增益 10 GW/cm² |
|---|---|---|---|---|---|---|---|---|---|---|---|---|
| 氩 | — | — | — | Ar I | 763.51 | 11.55 | 13.17 | 2.45 | 764 | 786 | 500 | 200 |
| | | | | Ar II | 484.78 | 16.75 | 19.31 | 8.49 | 488 | 522 | 500 | 200 |
| | | | | | 487.99 | 17.14 | 19.68 | 8.23 | | | | |

将光纤对准放大的等离子体图像中心，采集 20 ns 和 400 ns 延时下 10 GW/cm² 的激光辐照度产生的 Al-Sn 等离子体光谱，结果如图 4.3 所示。图中框出了以字母 a（Al II）、d（Al I）、g（Sn II）、c（Sn I）、e（Ar II）、h（Ar I）为代表的 6 种待测粒子的特征谱线，字母"b""f""i"代表连续背景辐射，方框的宽度代表滤光片的带宽 10 nm。在表 4.2 中列出了各待测粒子的特征谱线波长、上下能级能量和跃迁几率和滤光片的中心波长。需要说明的是，358.66 nm 处的 Al II 谱线是 15 条谱线的叠加。由于滤光片的带宽小于 10 nm，因此 Al、Sn 和 Ar 粒子发出的谱线在光谱成像时不会相互干扰。

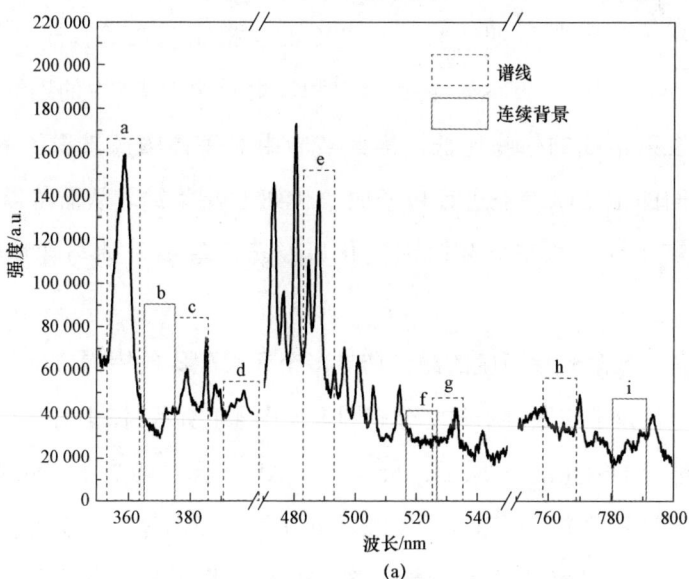

图 4.3　Al-Sn 合金被 10 GW/cm² 辐照度的激光诱导下产生的等离子体在（a）20 ns 和（b）400 ns 的发射光谱。图中"a～i"代表不同粒子成像所用的谱线：a（Al II）、d（Al I）、g（Sn II）、c（Sn I）、e（Ar II）、h（Ar I）以及连续辐射背景（b、f、i）

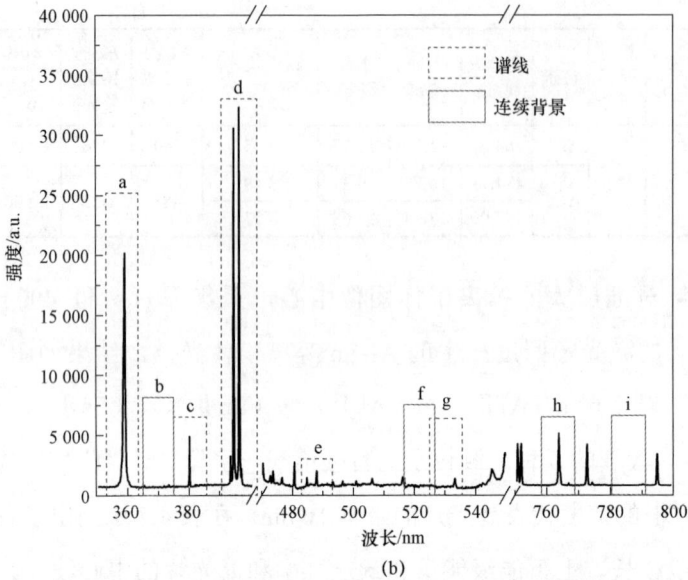

图 4.3 Al-Sn 合金被 10 GW/cm² 辐照度的激光诱导下产生的等离子体在（a）20 ns 和
（b）400 ns 的发射光谱。图中"a～i"代表不同粒子成像所用的谱线：a（AlⅡ）、
d（AlⅠ）、g（SnⅡ）、c（SnⅠ）、e（ArⅡ）、h（ArⅠ）以及连续辐射背景（b、f、i）（续）

与等离子体膨胀后期（400～1 000 ns）相比，在等离子体形成初期
（20～200 ns，尤其是 20 ns），轫致辐射和辐射重组[154]产生的连续辐射背景
强，导致发射谱线的信噪比低。因此实验中对每幅图像累积了 60 次，而
且利用不同的 ICCD 增益进行粒子成像（列于表 4.2），从而可以直观清晰
地观察等离子体结构形态随时间演化以及蒸汽等离子体与环境气体间的
相互作用。

通过高、低激光辐照度的激光诱导多个元素配比的铝锡合金，所获得的
等离子体中各粒子的发射率时空分布图像如图 4.4 所示。图中对 6 种颜色所代
表的粒子进行了标注：Ar 原子、Ar 离子、Al 原子、Al 离子、Sn 原子和 Sn
离子。由于颜色过多，所有粒子难以共同获得清晰图像。为了方便对比，将
各时刻的粒子发射率图像按元素种类或粒子种类进行了分类展示。在讨论
LSA 波的类型以及元素比例对等离子体粒子分布结构的影响时，会根据讨论
目的将图 4.4 中的部分结果提取出来展示。

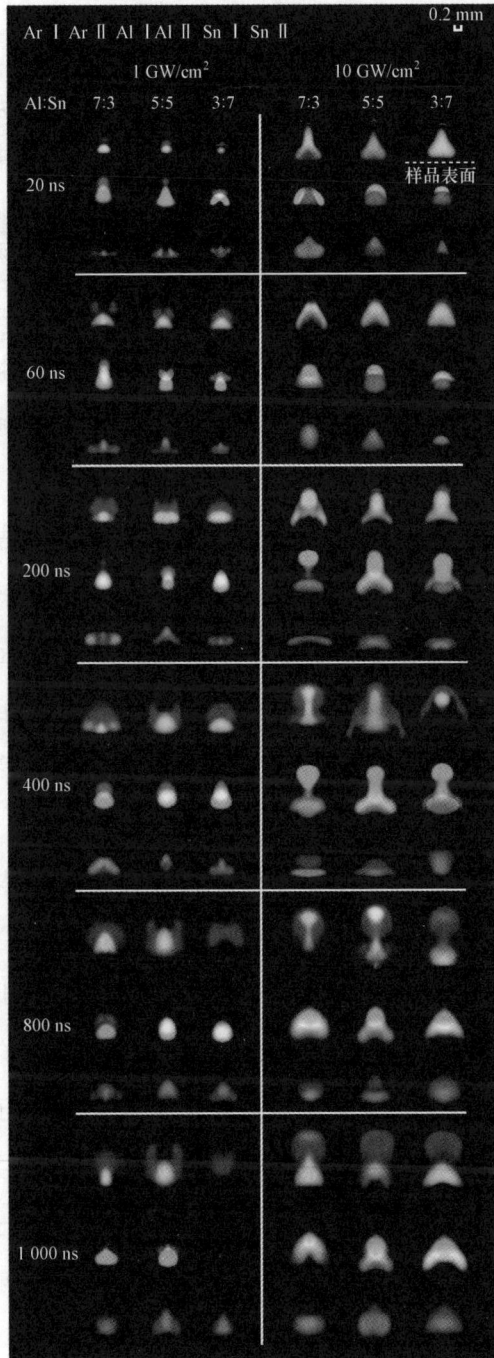

图 4.4　三种铝锡合金样品在 1 GW/cm² 和 10 GW/cm² 激光辐照度下诱导产生的等离子体中各态粒子 Ar 原子、Ar 离子、Al 原子、Al 离子、Sn 原子和 Sn 离子的发射率时间演化图像

## 4.2 验证激光支持吸收波等离子体传播机制

为了验证所获等离子体的传播机制，我们选取了图 4.4 中的部分粒子发射率图像展示在图 4.5 中，具体展示了 20 ns 时，1 GW/cm² 和 10 GW/cm² 的激光辐照度诱导 Al∶Sn＝3∶7 的合金产生的等离子体中粒子的发射率图像和归一化的中心轴发射率曲线。由图可观察到，低激光辐照度时，等离子体在膨胀初期有非常明显的层状结构，Ar 粒子与 Al、Sn 粒子有分界。这是由于此时激光能量小并且氩气的密度和温度低，无法达到激发阈值，此时对激光来说氩气是透明的，激光直接沉积在蒸汽等离子体上并被其吸收。氩气的激发与电离不是因为吸收了激光能量，而是因为氩气与热的蒸汽等离子体羽核发生了包含压缩、热传导和传递辐射的相互作用。以上层状的等离子体粒子分布特征表明，在该低激光辐照度下等离子体的传播模型属于 LSC 波主导型。

在高激光辐照度时，可以从图 4.5 中看到，在等离子体演化初期，Ar 的电离程度很高，Ar 离子的分布范围很大，与 Al、Sn 离子区域几乎完全重叠。只与热蒸汽等离子体相互作用达不到这么高的电离度，因此冲击气体层直接吸收了大量的激光能量，此时冲击气体层不仅向前传播还会向后反冲，从而与蒸汽等离子体形成了混合区域。这种重叠的等离子体粒子分布特征表明，在该高激光辐照度水平下等离子体的传播模型属于 LSD 波主导型。本研究通过高低两种辐照度成功构建了 LSC 波和 LSD 波型主导的离子体。从形态上看，LSD 波比 LSC 波型等离子体更显细长，这是由于沿激光入射方向其等离子体膨胀速度比径向更大。

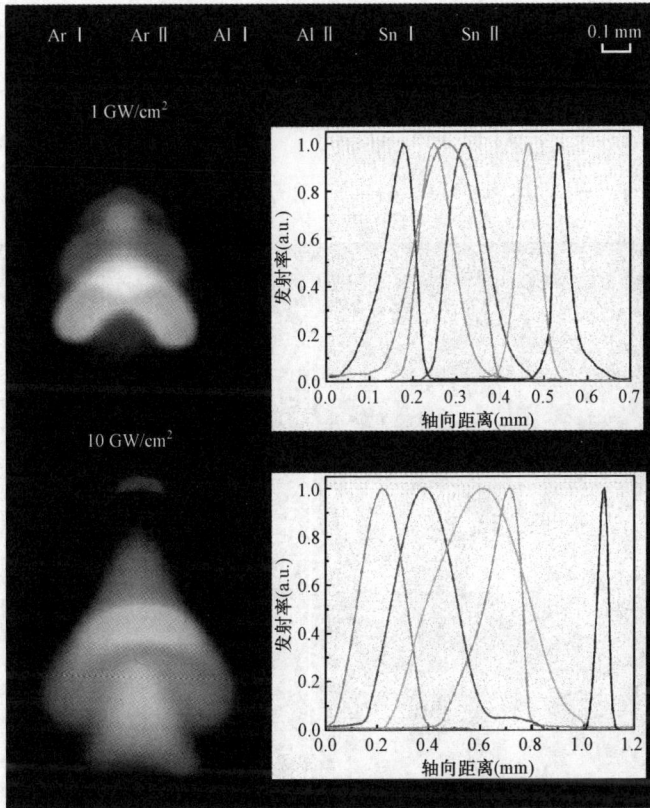

图 4.5　在 20 ns 时刻，1 GW/cm² 和 10 GW/cm² 激光辐照度诱导 Al：Sn＝3：7
合金产生的等离子体中 Ar 原子、Ar 离子、Al 原子、Al 离子、Sn 原子和 Sn 离子的
发射率图像和归一化后中心对称轴的发射率曲线

## 4.3　激光支持吸收波等离子体的时间演化

　　为了对比等离子体中各粒子的寿命，从图 4.4 中选取了 20 ns、60 ns、
200 ns、400 ns、800 ns、1 000 ns 下 1 GW/cm² 和 10 GW/cm² 激光辐照度诱导
Al：Sn＝3：7 合金产生的等离子体中 Ar 原子、Ar 离子、Al 原子、Al 离子、
Sn 原子和 Sn 离子的发射率图像，展示在图 4.6 中。等离子体演化初期等离子
体的粒子分布结构比较清晰，将 6 种粒子都展示在一起也可以分辨（图 4.5）。

但是随着等离子体的膨胀，在其演化后期（800~1 000 ns）所有粒子难以共同获得清晰图像，所以同一个等离子体中的粒子分成两部分展示，左面一列是 Ar 原子、Ar 离子、Al 原子和 Al 离子，右面一列是 Ar 原子、Ar 离子、Sn原子和 Sn 离子。需要注意的是，Ar 原子和 Ar 离子在左右两幅图中重复展示。

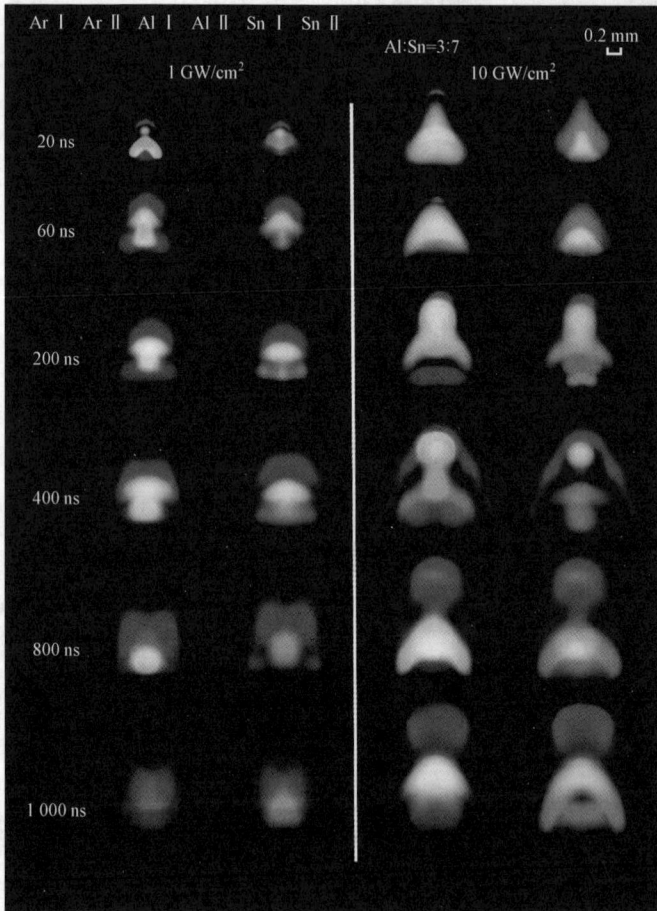

图 4.6　在 20 ns、60 ns、200 ns、400 ns、800 ns、1 000 ns 时刻 1 GW/cm² 和 10 GW/cm²
激光辐照度诱导 Al∶Sn＝3∶7 合金产生的等离子体中 Ar 原子、Ar 离子、Al 原子、
Al 离子、Sn 原子和 Sn 离子的粒子发射率图像

从图 4.6 中可以发现，高激光辐照度会降低等离子体的冷却速度，从而延长离子的寿命，所以 LSC 波型等离子体与 LSD 波型相比，离子湮灭得更快。LSC 波型等离子体中，Ar 离子会比 Al 离子和 Sn 离子更早湮灭，这是由于

Ar(Ⅱ)（19.68 eV）与 Al(Ⅱ)（15.30 eV）、Sn(Ⅱ)（11.19 eV）相比具有更高的上能级，随着等离子体的膨胀冷却，Ar 离子处于上能级的布居数减小得更快。高激光辐照度还会增强等离子体电离度，所以在 LSD 波型等离子体中原子产生得更晚。对于 LSD 波型等离子体，Sn 原子和 Ar 原子在 20 ns 时出现，而 Al 原子在 200 ns 才出现。这是由于 Al 的电离能（6.01 eV）比 Sn（7.36 eV）与 Ar（15.81 eV）都低。等离子体膨胀初期 Al 原子被完全电离，之后冷却一段时间后能量降低才由 Al(Ⅰ)发射出来。

# 4.4　激光支持吸收波等离子体的空间演化

对比等离子体的粒子分布（图 4.5），两种类型等离子体的 Ar 粒子均位于等离子体顶部，而来自样品的 Sn 和 Al 粒子都更加靠近样品表面。另外所有元素的离子都分布于等离子体的中部而原子分布于等离子体边缘，也就是 Ar 原子分布在 Ar 离子上部，Sn 和 Al 都是原子分布在离子的下部。这是由于等离子体中心温度较高导致此处电离度较高。

图 4.7 显示了在 20 ns 和 200 ns 时刻两种激光辐照度照射下产生的等离子体中 Al 和 Sn 的粒子分布的对比，可以发现不同传播模型下蒸汽等离子体演化初期的粒子分布有明显的差异。在低辐照度时，Al 的粒子层分布在 Sn 之下，而在高辐照度时则相反。Bulatov 等人[99]和 Borisov 等人[155]也提出了 Cu-Zn 合金的类似现象，他们发现 Zn 粒子主要存在于等离子体外层，而 Cu 粒子主要存在于等离子体内层。这一特征与 Cu-Zn 合金的中 Zn 的熔点和沸点都较低有关。对于 Al-Sn 合金中的两种元素，物理性质上的差异比较大，具体列于表 4.2 中，Sn 的熔点比 Al 低，但沸点高于 Al，诱导 Al-Sn 合金产生的等离子体中粒子的分布究竟是取决于熔点还是沸点，将在下面详细讨论。

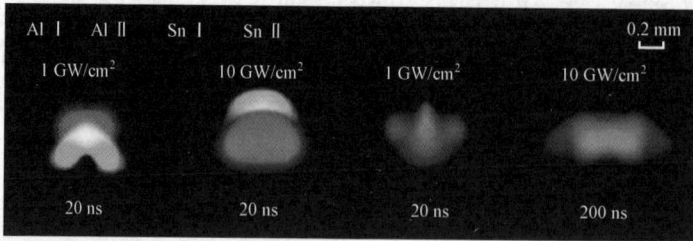

图 4.7　20 ns 和 200 ns 时，在 1 GW/cm² 和 10 GW/cm² 的激光辐照诱导 Al : Sn = 3 : 7 的
合金产生的等离子体中，Al Ⅰ、Al Ⅱ、Sn Ⅰ 和 Sn Ⅱ 的发射率图像

当低辐照度的激光照射到合金表面时，在激光所能到达的体积内，温度开始出现急剧的跃变。热量随着金属的热扩散从表面转移出去，然后在金属材料中建立了一个随时间变化的温度梯度。当温度达到金属的熔点时，金属开始熔化，一个熔体前沿将开始向等离子体方向移动。对铝锡合金的固-液二相图分析表明，这种体系在一定的温度范围内是难混溶的。换句话说，当温度高于某种元素的熔点时，这种元素会从固体混合物分离成纯液体。例如，Cu 在 Zn 中，Pb 在 Al 中，Sn 在 Al 中等，这种现象被称为区域富集[156]。难混溶合金的熔化过程根据不同的激光辐照度可分为以下两种情况：

对于 LSC 波型等离子体，入射激光引起样品表面的熔化过程中，会出现区域富集的现象，低熔点的元素会产生几乎瞬间的迁移和分离，其在熔融态液滴中的占比会大于在样品中的占比。当低辐照度激光烧蚀铝锡合金时，就会出现这种现象，熔点低的 Sn 首先从样品中熔化，所以在蒸汽等离子体里 Sn 粒子分布在等离子体顶部。Cromwell 等人[157]也证明了低能量激光在烧蚀铝 SRM 1256A 过程中存在 Sn 的区域富集现象，他们还进一步研究了 Al-Sn 体系的二元相图，发现在 230 ℃以上液态 Sn 会完全偏析。

对于 LSD 波型等离子体，由于 Sn 和 Al 的沸点相近，过高的辐照度会导致样品中的 Sn 和 Al 几乎被瞬间汽化。此时，它们在等离子体中的分布就要更多地考虑它们的运动速度。与 Sn 相比，Al 的相对原子质量更小，因而飞行速度更快，Al 粒子也处于更外层。

综上所述，对于难混溶合金，可以得到两个结论：① LSC 波型等离子体的粒子分布主要取决于合金中组成元素的熔点；② LSD 波型等离子体的粒子分布主要取决于组成元素的原子质量。为了进一步验证上述两个结论，对不同 LSA 波型等离子体中的粒子分布进行了更多的理论和实验研究。

首先用时空分辨光谱层析技术对结论进行了验证。400 ns 时 1 GW/cm² 和 10 GW/cm² 的激光辐照度诱导 Al：Sn＝3：7 的合金产生等离子体，用透镜产生放大六倍的像，然后用光纤沿着等离子体的 $x$ 轴（$r＝0$），以 0.5 mm 为步长进行一维扫描。选择如此长延迟时间的原因是等离子体中粒子层分布顺序一般不随时间改变[103]，而且初始等离子体往往偏离 LTE 态[40]。理论上，根据式（2.26），Sn Ⅱ（533.23 nm）与 Al Ⅱ（358.66 nm）的强度比可以表示为：

$$\frac{I_{Sn}}{I_{Al}} = \frac{N_{Sn} Z_{Al}(T) \lambda_{nm,Al} A_{ki,Sn} g_{k,Sn}}{N_{Al} Z_{Sn}(T) \lambda_{ki,Sn} A_{nm,Al} g_{n,Al}} \exp\left(\frac{E_{n,Al} - E_{k,Sn}}{k_B T}\right) \tag{4.1}$$

式中 $I_{Sn}$ 是 $k$-$i$ 能级跃迁的谱线强度，$I_{Al}$ 是 $n$-$m$ 能级跃迁的谱线强度，$N$ 是数密度。则相应的粒子数密度比可由下面的公式计算：

$$\frac{N_{Sn}}{N_{Al}} = \frac{I_{Sn} U_{Sn}(T) \lambda_{ki,Sn} A_{nm,Al} g_{n,Al}}{I_{Al} U_{Al}(T) \lambda_{nm,Al} A_{ki,Sn} g_{k,Sn}} \exp\left(\frac{E_{k,Sn} - E_{n,Al}}{k_b T}\right) \tag{4.2}$$

对测量得到的谱线强度比进行温度校正就可以得到相应的两种粒子的数密度比。

图 4.8 展示了等离子体 $x$ 轴上 Sn 和 Al 两种粒子的归一化数密度比的变化曲线。等离子体温度是用波长为 308.22 nm、309.27 nm、394.40 nm 和 396.15 nm 的 Al Ⅰ 谱线根据玻耳兹曼平面法计算的。这里，所有用到的谱线都根据式（3.36）进行了自吸收校正。以 1 GW/cm² 的激光辐照度诱导 Al：Sn＝3：7 合金产生的等离子体在 $r＝0$ mm，$x＝0.6$ mm 处的玻耳兹曼平面法（图 4.9）为例。拟合的直线斜率为 $T＝(5\,476 \pm 600)$ K，沿 1 GW/cm² 激光辐照度产生的等离子体 $x$ 轴的电子温度估计为 5 012～5 880 K，对于 10 GW/cm² 激光辐照度，温度为 5 520～6 768 K。

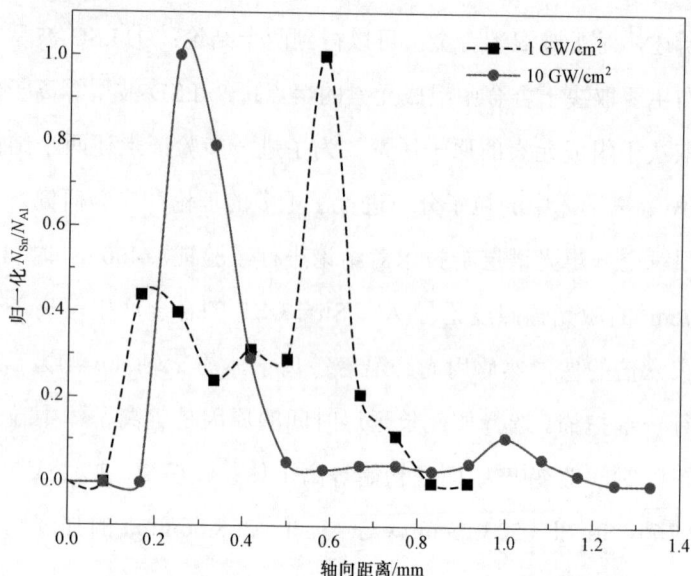

图 4.8　400 ns 时，1 GW/cm² 和 10 GW/cm² 激光辐照度诱导 Al∶Sn＝3∶7
合金产生的等离子体 $x$ 轴上的 Sn 和 Al 粒子归一化数密度比的变化曲线

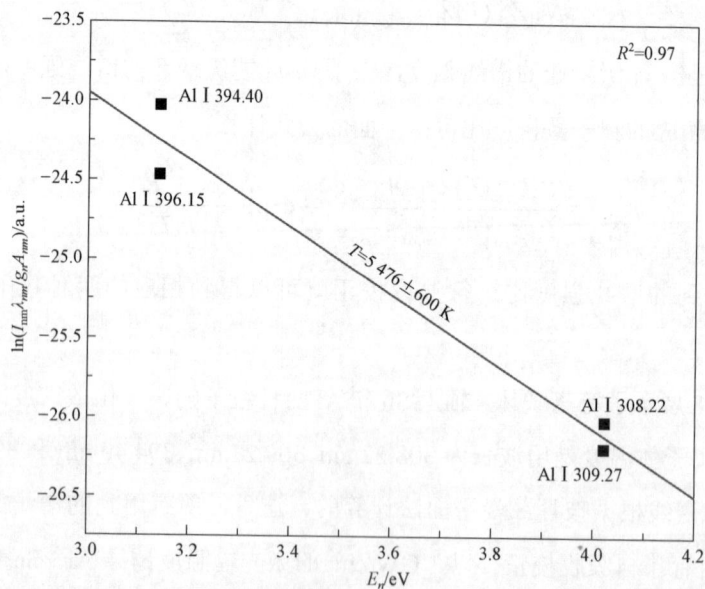

图 4.9　400 ns 时在 1 GW/cm² 激光照射下，Al∶Sn＝3∶7 合金诱导产生的等离子体
在 $x$＝0.6 mm 和 $r$＝0 mm 处 Al I 谱线（308.22 nm，309.27 nm，394.40 nm 和
396.15 nm）的玻耳兹曼图

　　可以看出，对于 1 GW/cm² 的激光辐照度，$x$＝0.6 mm 处粒子数密度比的

值最大，而对于 10 GW/cm² 的激光辐照度，$x = 0.3$ mm 处比值最大。这说明 Sn 粒子主要分布在 LSC 波型等离子体顶部，而在 LSD 波型等离子体中则主要分布在底部。因此，对于 LSC 波型等离子体，在激光烧蚀过程中，较低熔点的元素优先从样品中分离出来，并在等离子体顶部富集。也就是说，由熔点差异大的元素形成的难混溶合金激光烧蚀会产生分馏效应，熔点较低的元素会分布在等离子体上层。

接下来，从等离子体动力学理论上验证 LSD 波型等离子体的粒子分布结构主要取决于元素相对原子量的论断。在 LSD 波的情况下，样品中的 Sn 和 Al 同时汽化，在等离子体膨胀过程中，等离子体内部会形成低压区域，可以近似认为此处是真空，此时总的粒子速度可以用下式表示：

$$v_{tot} = v_T + v_{cm} + v_c \tag{4.3}$$

式中 $v_T = \sqrt{3k_B T/m}$ 是热速度，$v_{cm} = \sqrt{1.67 k_B T/m}$ 是用真空中的绝热膨胀模型得到的等离子体膨胀速度，$v_c = \sqrt{2ev_0/m}$ 是一次电离离了的库伦速度，对于原子 $v_c = 0$，$v_0$ 是等效加速电压。由此式可知，粒子的传播速度与粒子质量的平方根成反比。Al 相对原子质量比 Sn 的小很多，Al 粒子的飞行速度大约比 Sn 粒子快一倍，所以 Al 粒子分布于 Sn 粒子的外层。这与 Min 等人[158]的观点一致，他们从理论和实验上证明了在真空中诱导 SiC 样品产生的等离子体中，C Ⅱ 粒子的速度高于 Si Ⅱ 粒子。

## 4.5　元素比例对等离子体演化的影响

LIBS 是一种利用等离子体中粒子辐射光谱对样品中元素比例进行定量分析的技术，研究元素配比对等离子体粒子分布特征的影响也许能为进一步提升 LIBS 的定量分析能力提供指导。

图 4.10 所示为 400 ns 时，三种合金在 1 GW/cm² 和 10 GW/cm² 激光照射下产生的等离子体中 Al 原子、Al 离子、Sn 原子和 Sn 离子的发射率图像和归

一化后的中心对称轴的发射率曲线。选择如此大的延时是因为在高激光辐照度下，等离子体的电离程度很高，对于 Al：Sn＝7：3 质量比的合金所诱导的等离子体中的 Al 原子直到 400 ns 才出现。从图 4.10（a）可以看出，对于以 LSC 波型等离子体，虽然样品组成不同，但粒子层的分布顺序是相同的。从等离子体的上到下，顺序都是 Sn Ⅱ、Al Ⅱ、Sn Ⅰ 和 Al Ⅰ。同样，对于图 4.10（b）中的 LSD 波型等离子体，顺序都是 Al Ⅱ、Sn Ⅱ、Al Ⅰ 和 Sn Ⅰ。因此，在相同的 LSA 波机制下，组成元素质量比不同的二元合金产生的等离子体具有相同的粒子分布顺序。这说明，与激光辐照不同，二元合金中元素的质量比并没有改变等离子体的粒子分布。

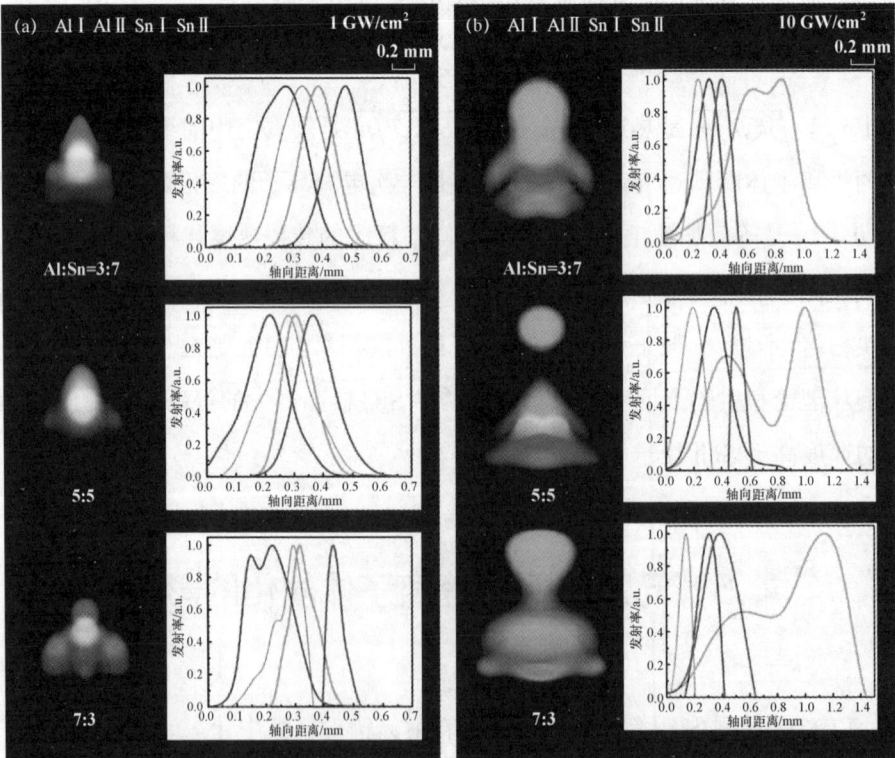

图 4.10　Al、Sn 配比为 7：3、5：5 和 3：7 的三种样品在 400 ns 时 LSC 波和 LSD 波型等离子体中 Al 离子、Sn 离子、Al 原子、Sn 原子发射率图像和归一化后的中心对称轴的发射率曲线

　　虽然二元合金中元素的质量比并没有改变等离子体的粒子分布，但是改

变了粒子的寿命，影响粒子产生和湮灭的时间。图 4.11 展示了 Al-Sn 合金配比为 7∶3、5∶5 和 3∶7 的三种样品在 LSC 波型等离子体中 Al 离子、Sn 离子、Ar 离子和 Ar 原子在 400～1 000 ns 的发射率图，以及 LSD 波型等离子体中 Al 原子、Sn 原子、Ar 离子和 Ar 原子在 20～400 ns 的发射率图。

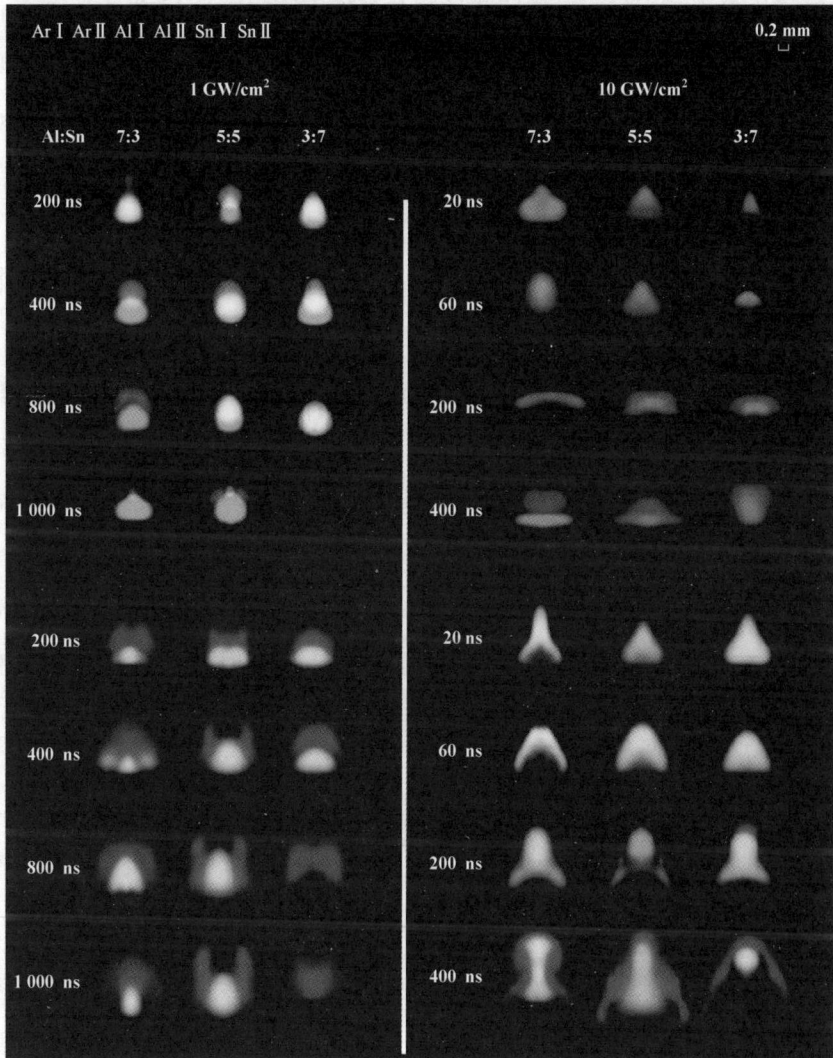

图 4.11　Al、Sn 配比为 7∶3、5∶5 和 3∶7 的三种样品在 400～1 000 ns 时 LSC 波型等离子体中 Al 离子、Sn 离子、Ar 离子和 Ar 原子的发射率图，20～400 ns 时 LSD 波型等离子体中 Al 原子、Sn 原子、Ar 离子和 Ar 原子的发射率图

观察图 4.11 可以研究等离子体中原子的产生和离子的湮灭。由图可见，对于 LSC 波，Al：Sn=3：7 的样品等离子体中 Ar 离子、Al 离子和 Sn 离子在 800~1 000 ns 时湮灭，而其他两个样品在观察时间段内离子持续存在。对于 LSD 波，由于激光辐照度较高，等离子体寿命有所延长，在观察时间段内所有粒子均未湮灭，但本研究团队推测其湮灭规律应该与 LSC 波类似。值得注意的是，LSD 波会影响原子产生的时间。观察图 4.11 右半部分可以发现，在等离子体演化初期，三个样品产生的等离子体中的 Sn 原子和 Ar 原子在 20 ns 同时产生，而 Al 原子的产生时间则不同。其中，对于 Al：Sn=7：3 的样品等离子体，Al 原子在 400 ns 才产生，而其他两个样品在 200 ns 就产生了。为了解释以上现象，在 LTE 下（延时 500 ns，门宽 200 ns），测量等离子体中心的光谱并进行自吸收校正后，利用玻耳兹曼平面法计算了各等离子体的温度。在 LSC 波的传播机制下，三个样品产生的等离子体温度分别为 5 117 K、4 816 K、4 628 K，在 LSD 波的传播机制下则分别为 7 870 K、7 157 K、6 863 K。等离子体温度越高，意味着其内部的粒子电离度就越高。在 LSC 波型传播机制中，Al-Sn 合金配比为 3：7 的样品产生的等离子体温度最低，所以其原子的电离程度也是最低的，离子最早湮灭。在 LSD 波型传播机制中，Al-Sn 合金配比为 7：3 的样品产生的等离子体温度最高，所以其原子电离度也最高，铝原子产生得最晚。

## 4.6　本章小结

本章采用波长-空间-时间分辨成像技术获得 Al-Sn 合金的激光诱导等离子体发射率图像，来观察等离子体向周围气体的膨胀过程。这些发射率图像直观地反映了不同粒子的相对分布以及随时间的演化过程。通过观察发射率图像探索了基于 LSA 波类型和元素比例的等离子体内各态粒子时空分布结构的演化机制。本研究发现，激光辐照度会改变各态粒子时空分布结构，而样品元素比例则不会。在低辐照度的情况下，等离子体的传播展现出 LSC 波的特征，此时粒子电离度低，离子的寿命较短。元素熔点是影响等离子体膨胀早期粒子分布的因素。熔点低的元素粒子会先脱离难混溶合金的样品表面，膨胀过程中分布于蒸汽等离子体的上部。高激光辐照度时等离子体传播模型是 LSD 波，此时粒子电离度高，原子出现得晚，原子相对质量成为粒子分布的主要影响因素。相对原子质量小的粒子运动的速度快，膨胀过程中分布于蒸汽等离子体的上部。虽然不同元素比例的等离子体在相同的传播模型下粒子分布结构相同，但不同元素配比会使等离子体的温度不同，温度高的等离子体电离度也高，离子的寿命会变长，而原子会产生得晚。以上的结论虽然是在本实验条件下得到的，但应该是普适于组成难混溶合金的任何元素的。下一章将研究易混溶合金的粒子分布及与 LSA 波机制的关系。

# 第 5 章

# 二元易混溶铝镁合金表面等离子体的
# 时空演化机制

上一章研究了难混溶 Al-Sn 合金产生的等离子体中的粒子分布，并探索了等离子体中粒子分布与 LSA 波的依赖关系。实验证明，当难混溶合金表面温度高于某一组成元素的熔点时，该元素的纯液体在激光烧蚀过程中会从固体混合物中分离出来，并分布在等离子体的上部。然而，易混溶合金的物理性能与难混溶合金相比有很大的不同，其不具有液相分离的特性，当表面温度达到合金熔点时，所有构成元素都将同时熔化。因此，有必要对易混溶合金被诱导产生的等离子体的时空分布结构进行更深入的研究，分析等离子体中粒子分布与 LSA 波的关系。

本章将铝镁合金作为一种易混溶合金被选为研究样品。由表 5.1 可以看出，Al 和 Mg 的熔点相似，但沸点有很大的不同。因此，究竟是组成元素的熔点还是沸点影响等离子体中粒子分布将会很容易区分。此外，这两种元素的特征发射谱线稀疏且干扰较少，所以 Al-Mg 合金非常适合用于本章的实验研究。由于材料制作商无法制作 Al-Mg 合金中 Mg 含量太高的样品，并且上一章验证了结论：二元合金中元素的质量比不会改变等离子体的粒子分布，所以本实验所用合金中 Al 与 Mg 的质量比和原子数密度与上一章不同，分别为 49∶1 和 44∶1。

表 5.1　铝和镁的物理性质、所选发射谱线的波长、上下能级能量和跃迁概率、用于观测粒子的滤光片的中心波长以及给定粒子在不同激光照射下的 ICCD 增益

| 元素 | 熔点/K | 沸点/K | 相对原子质量 | 粒子 | 发射谱线/nm | 下能级/eV | 上能级/eV | 跃迁概率 (×10⁷ s⁻¹) | $F1$ 的中心波长/nm | $F2$ 的中心波长/nm | ICCD 增益 1.2 GW/cm² | ICCD 增益 10 GW/cm² |
|---|---|---|---|---|---|---|---|---|---|---|---|---|
| 铝 | 933 | 2 740 | 27 | Al I | 394.40 | 0.00 | 3.14 | 4.99 | 396 | 365 | 600 | 0 |
| | | | | | 396.15 | 0.01 | 3.14 | 9.85 | | | | |
| | | | | Al II | 358.66 | 11.85 | 15.30 | 23.5 | 358 | 365 | 600 | 0 |
| 镁 | 923 | 1 363 | 24 | Mg I | 516.73 | 2.71 | 4.33 | 2.80 | 520 | 530 | 1 000 | 0 |
| | | | | | 517.27 | 2.71 | 5.11 | 1.13 | | | | |
| | | | | | 518.36 | 2.72 | 5.11 | 3.37 | | | | |
| | | | | Mg II | 448.11 | 8.86 | 11.63 | 23.3 | 530 | 522 | 1 000 | 0 |
| | | | | | 448.13 | 8.86 | 11.63 | 21.7 | | | | |
| 氩 | — | — | — | Ar I | 763.51 | 11.55 | 13.17 | 2.45 | 764 | 786 | 1 000 | 0 |
| | | | | Ar II | 484.78 | 16.75 | 19.31 | 8.49 | 488 | 530 | 1 000 | 0 |
| | | | | | 487.99 | 17.14 | 19.68 | 8.23 | | | | |

# 5.1　构造激光支持吸收波等离子体

本章研究中所使用仪器装置与上一节相同，脉冲激光的辐照度分别为 10 GW/cm² 和 1.2 GW/cm²（略高于 Al-Mg 合金的击穿阈值 0.8 GW/cm²）。实验中，为了获得时间分辨的发射率图像，用于成像的 ICCD2 采用的延时分别为 100 ns、150 ns、200 ns、400 ns 和 800 ns，相应的门宽为 5 ns、5 ns、5 ns、20 ns 和 30 ns，不同的粒子采用合适的 ICCD 增益（列在表 5.1 中）。

图 5.1 展示了 100 ns 和 400 ns 时，在 10 GW/cm² 的激光辐照下，Al-Mg 合金表面产生的等离子体中心发出的光谱。字母 a、c、d、f、e、h 分别代表 Al、Mg、Ar 的原子和离子发射线：Al II（a）、Al I（c）、Mg II（d）、Mg I（f）、Ar II（e）和 Ar I（h）。字母 b、g、i 代表连续背景辐射。表 5.1 还列出了所

选择的代表不同粒子的发射谱线的波长、上下能级的能量和跃迁概率，以及用于获取粒子图像的滤光片的中心波长。滤光片的具体参数在上一章表 4.1 中已列出。

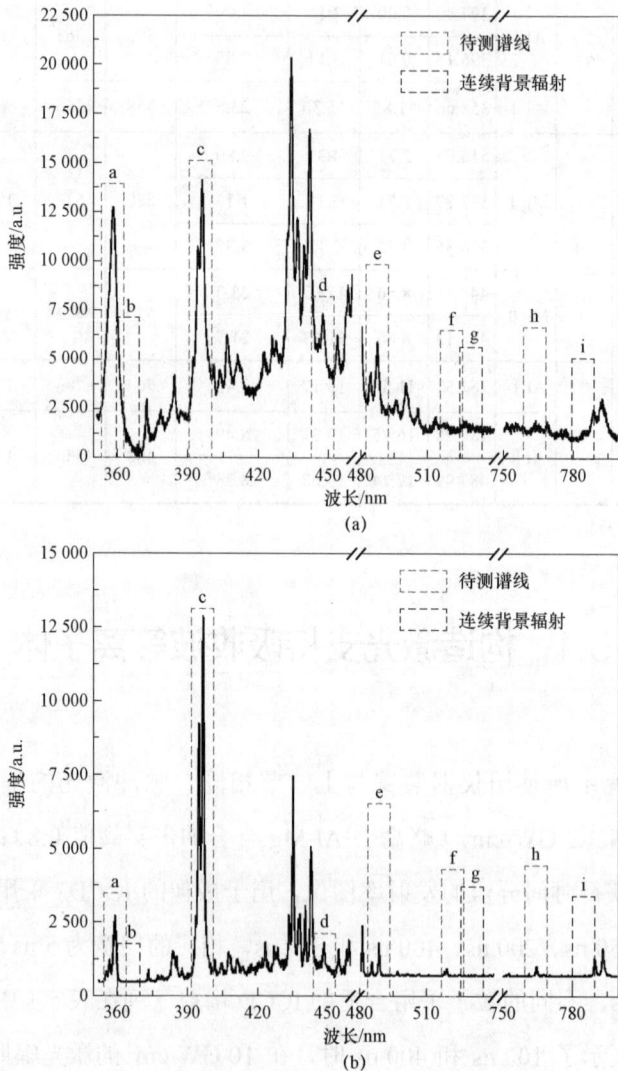

图 5.1　（a）100 ns 和（b）400 ns 时，在 10 GW/cm² 的激光辐照度下诱导铝镁合金产生的等离子体中心部分的光谱。a～h 的字母分别代表 AlⅡ（a）、AlⅠ（c）、MgⅡ（d）、MgⅠ（f）、ArⅡ（e）和 ArⅠ（h）的光谱成像发射线，字母 b、g、i 代表连续发射。

为了研究二元易混溶合金等离子体在不同传播机制下的形态、粒子分布和内部结构，分别观察了在 100 ns、150 ns、200 ns、400 ns 和 800 ns 时刻低、高两种激光辐照度下产生的等离子体中粒子的发射率图像，结果如图 5.2 所示。不同的颜色代表不同的粒子：Ar 原子、Ar 离子、Al 原子、Al 离子、Mg 原子和 Mg 离子。

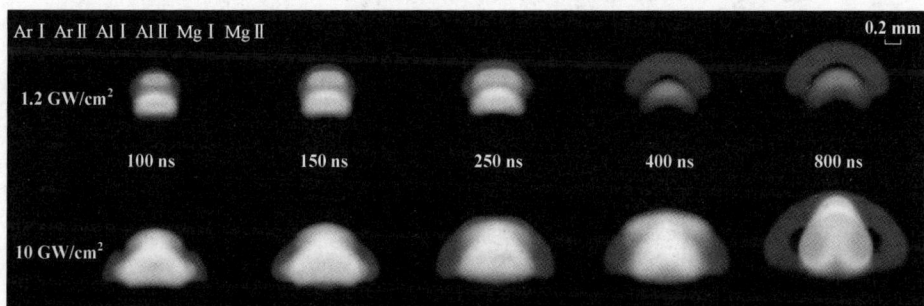

图 5.2　在 100 ns、150 ns、200 ns、400 ns 和 800 ns 时，1.2 GW/cm$^2$ 和 10 GW/cm$^2$ 的激光诱导 Al-Mg 合金产生的等离子体中 Ar 原子、Ar 离子、Al 原子、Al 离子、Mg 原子和 Mg 离子的发射率图像

## 5.2　验证激光支持吸收波等离子体传播机制

等离子体内部结构和 Al、Mg、Ar 的粒子分布在图 5.2 中展示，但部分颜色重叠，难以区分。为了更清晰地展示，将其拆分成两个图：图 5.3 展示了 Al 和 Ar 的粒子发射率，图 5.4 展示了 Mg 和 Ar 的粒子发射率。100 ns 时 1.2 GW/cm$^2$ 和 10 GW/cm$^2$ 激光辐照度诱导产生的等离子体中心对称轴的 Ar 原子、Ar 离子、Al 原子、Al 离子、Mg 原子和 Mg 离子归一化发射率曲线如图 5.5 所示，不同粒子曲线的颜色与图 5.1 中粒子的颜色相一致。

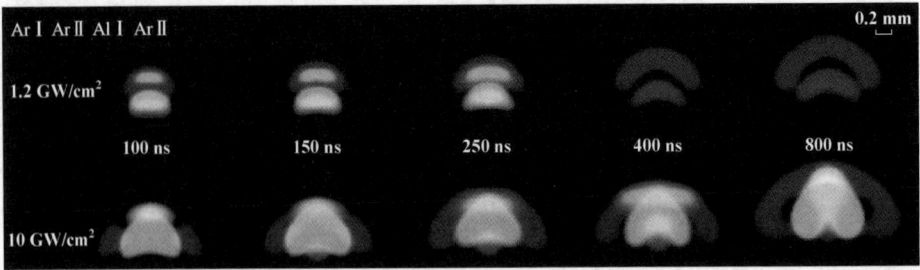

图 5.3　在 100 ns、150 ns、200 ns、400 ns 和 800 ns 时，1.2 GW/cm² 和 10 GW/cm² 的
激光诱导 Al-Mg 合金产生的等离子体中 Ar 原子、Ar 离子、Al 原子和
Al 离子的发射率图像

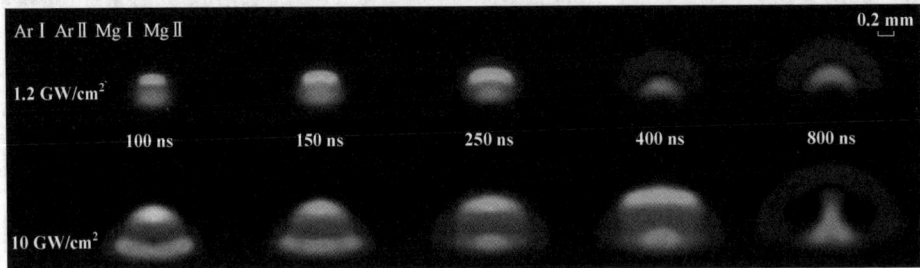

图 5.4　在 100 ns、150 ns、200 ns、400 ns 和 800 ns 时，1.2 GW/cm² 和 10 GW/cm² 的
激光诱导 Al-Mg 合金产生的等离子体中 Ar 原子、Ar 离子、Mg 原子和
Mg 离子的发射率图像

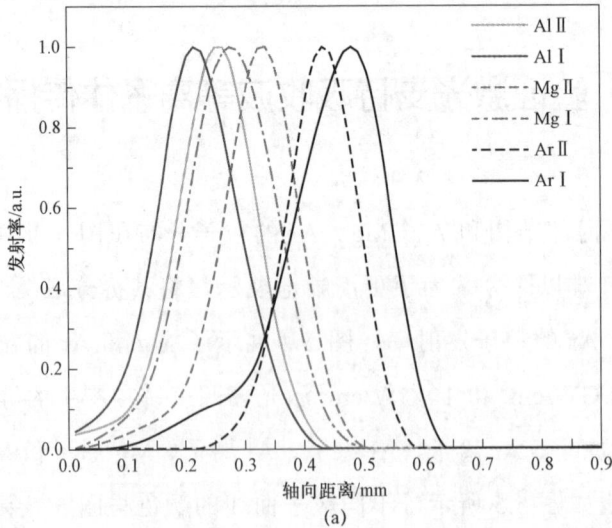

图 5.5　在 100 ns 时（a）1.2 GW/cm² 和（b）10 GW/ cm² 激光辐照度诱导产生的
等离子体中心对称轴的 Ar 原子、Ar 离子、Al 原子、Al 离子、Mg 原子和 Mg 离子的
归一化发射率曲线

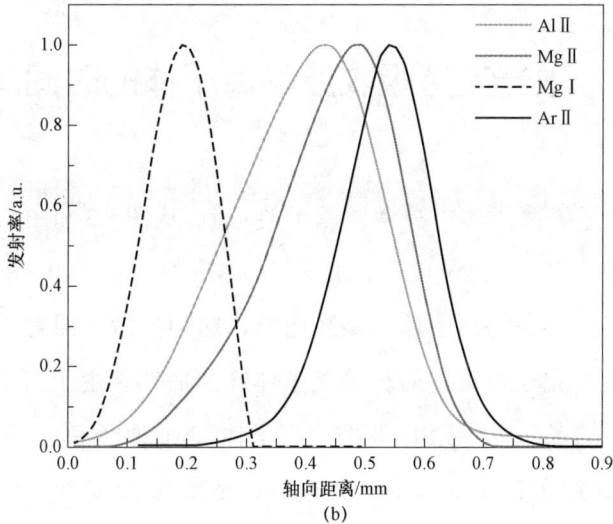

图 5.5　在 100 ns 时（a）1.2 GW/cm² 和（b）10 GW/ cm² 激光辐照度诱导产生的
等离子体中心对称轴的 Ar 原子、Ar 离子、Al 原子、Al 离子、Mg 原子和 Mg 离子的
归一化发射率曲线（续）

　　当高辐照度（10 GW/cm²）的激光诱导等离子体，在等离子体膨胀的早期阶段（100～150 ns），等离子体顶部的 Ar 原子被完全电离，Ar 离子直到 800 ns 才消失。Ar 原子只分布在等离子体外层的下部。冲击氩气的高电离度和 Ar 离子的缓慢衰减表明，冲击气体层直接吸收了大量的激光能量，不需要从热蒸汽等离子体获得任何额外的能量。根据 Ar 如此高的电离度，可以得出此时 LSD 波是等离子体的主要传播形式[90,91,102]。

　　在低辐照度（1.2 GW/cm²）的激光诱导下，等离子体中氩气的电离度较低，在 400 ns 时，Ar 离子迅速衰减并消失。这是因为在如此低的激光辐照度下，激发阈值相对较高的氩气很难被激发。此时，冲击气体层非常稀薄，对激光几乎是透明的，因此激光可以直接穿过冲击气体层并沉积在蒸汽等离子体上。氩气电离是由于与高温蒸汽等离子体相互作用而引起的。在这种情况下，等离子体传播模型以 LSC 波主导[101,103]。通过这种方法，本研究分别利用低、高激光辐照度成功地制备了 LSC 波和 LSD 波型等离子体。

# 5.3　激光支持吸收波等离子体的时间演化

　　首先讨论了等离子体中被激发原子的寿命。从图5.3和图5.4可以看出，LSC波型等离子体中的Ar原子、Al原子和Mg原子在100～800 ns之间一直存在。这是因为在等离子体初始膨胀时，这种低激光照射诱导的等离子体中的原子没有完全电离，而在等离子体冷却后期，由于离子的复合，原子的寿命相对较长。对于LSD波型等离子体，Mg原子和Ar原子在100 ns时出现，而Al原子在150 ns时才出现，这是因为Al原子（5.99 eV）的电离能低于Ar原子（15.76 eV）和Mg原子（7.65 eV）。激光脉冲终止后，Al原子被完全电离，其次随着等离子体的膨胀和冷却，Al原子的谱线才出现。

　　进而讨论等离子体中激发态离子的寿命。从图5.3和图5.4可以看出，在800 ns，LSD波型等离子体中Mg离子和Ar离子消失，Al离子仍然存在。LSC波型等离子体中的离子在400 ns时全部消失，衰减速度比LSD波型等离子体快。这是因为较高的激光辐照度可以提高离子的电离度，降低等离子体的冷却速率，从而延长离子的寿命。

　　为了进一步分析这两种类型等离子体中离子谱线的衰减过程，首先对不同时延下发射率图像的强度进行积分，其次将积分强度除以相应的ICCD门宽，得到单位时间的积分强度，最后根据ICCD增益与信号强度之间的曲线，对不同实验条件下得到的积分强度进行修正。在100～800 ns内，1.2 GW/cm$^2$（图5.6a）和10 GW/cm$^2$（图5.6b）的激光诱导产生的两种等离子体中Ar离子、Al离子和Mg离子的发射衰减如图5.6所示。各离子谱线强度随时间演化呈现出经典的指数衰减[159]，拟合曲线的线性相关系数$R^2$大于0.98，且时间常数越小，发射谱线衰减越快。例如，对于LSC波型等离子体，时间常数为59 ns的ArⅡ衰减速度比时间常数为62 ns的AlⅡ和MgⅡ快，而对于LSD波型等离子体，时间常数为 107 ns 的 Mg II 衰减速度远高于时间常数为 134 ns 的 Ar II 和时间常数为 190 ns 的 Al II 。此外，LSC 波型等离子体中 Ar II 的衰减速度要比 LSD 波型等离子体快得多，这也进一步验证了 5.3 节的结论，这两种等离子体确实是两种不同的传播机制。

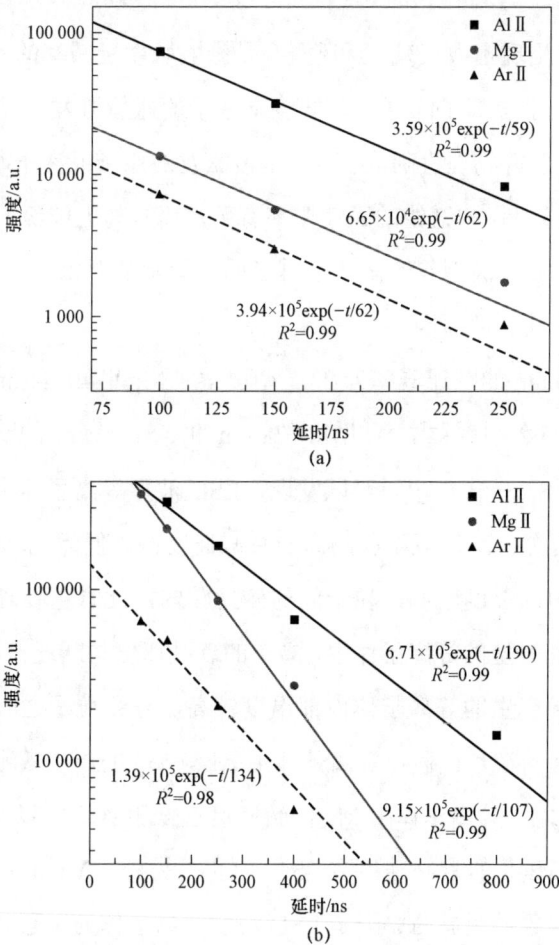

图 5.6　用（a）1.2 GW/cm² 和（b）10 GW/cm² 的激光诱导产生的等离子体中 Ar 离子、Al 离子和 Mg 离子的发射强度衰减图，曲线由指数衰减函数拟合

发射谱线的强度 $I$ 可以表示为[160]：

$$I = C' \frac{N}{\lambda_{ij}} \frac{g_i A_{ij}}{Z(T)} \exp\left(-\frac{E_i}{k_B T}\right) \qquad (5.1)$$

式中 $C'$ 为常数，$N$ 为数密度，$Z(T)$ 为发射粒子的配分函数，$\lambda$ 为波长，$A$ 为跃迁概率，$g$ 为简并度，$E_i$ 为上层能量，$k_B$ 为玻耳兹曼常数，$T$ 为等离子体温度。如果只考虑自发辐射，数密度 $N$ 作为时间 $t$ 的函数可以表示为[161]：

$$N = N_0 \exp(-\sum_j A_{ij}t) \tag{5.2}$$

可以发现 $I$ 呈现指数衰减，跃迁概率是影响强度衰减率的关键。但在辐射过程中，由于电子与离子的复合、低能态原子的碰撞激发、高能态原子（离子）的碰撞去激发等物理机制，不断产生被激发的原子或离子[162]。也就是说，LIBS 信号的衰减不仅与谱线的跃迁概率有关，而且与上能级的粒子数密度有关[163]。这就是 LSD 波型等离子体中离子的时间常数要比 LSC 波型等离子体中离子的时间常数长的原因。

Al Ⅱ 358.66 nm 的跃迁概率为 $23.5 \times 10^7 \, \text{s}^{-1}$，Mg Ⅱ 448.11 nm 和 448.13 nm 的跃迁概率为 $23.2 \times 10^7 \, \text{s}^{-1}$，Ar Ⅱ 484.78 nm 和 487.99 nm 的跃迁概率分别为 $8.49 \times 10^7 \, \text{s}^{-1}$ 和 $8.23 \times 10^7 \, \text{s}^{-1}$。可以发现，LSC 波型等离子体中离子的衰减速率与跃迁概率有关，跃迁概率高的离子衰减速度慢。低激光辐照对应的 LSC 波型等离子体内部温度较低，粒子间的碰撞较弱，此时主要辐射机制是自发辐射。而在 LSD 波型的等离子体中，离子的衰减速度与跃迁概率的关系不大。激光辐照度诱导产生的等离子体内部温度较高，导致粒子之间的碰撞强烈，不断制备激发态的粒子。假设等离子体中 Al 与 Mg 的原子数密度比与样品中含量一致为 44：1，等离子体中 Mg 的数密度远低于 Al，所以 Mg 的碰撞概率相对低于 Al，Mg Ⅱ 的衰减速度要快于 Al Ⅱ。另外，Mg Ⅱ 的衰减速度也比 Ar Ⅱ 快。这个现象最明显的原因是 LSD 波型等离子体的屏蔽效应主要发生在冲击气体层，导致其吸收了大量的激光能量，处于上能级的 Ar 离子数密度也很高。

综上所述，LSC 波型等离子体中粒子衰减速度在很大程度上与跃迁概率有关，而 LSD 波型等离子体中最重要的因素是上能级的粒子数密度。

# 5.4 激光支持吸收波等离子体的空间演化

如图 5.2 所示，10 GW/cm² 的激光辐照度诱导的等离子体尺寸大于 1.2 GW/cm² 的激光辐照度诱导的等离子体。这是由于激光能量越高，则等离子体的轴向和径向速度都越大。两种类型等离子体分布的共同特征是：Ar 粒子分布于等离子体外层，而来自样品的 Mg 和 Al 粒子分布于等离子体内层。

为了比较来自合金、组成蒸气等离子体的四种粒子在不同烧蚀条件下的分布，图 5.7 和图 5.8 展示了 100 ns、150 ns、200 ns、400 ns 和 800 ns 时，10 GW/cm² 和 1.2 GW/cm² 的激光辐照度诱导产生的等离子体中 Al 和 Mg 原子的发射率图像（如图 5.7）以及 Al Ⅱ、Mg Ⅱ 的发射率图像（如图 5.8）。两种传播机制的蒸汽等离子体在初始膨胀时期的中粒子分布相似。在低辐照度下，Al 的粒子层分布低于 Mg，而在高辐照度下，粒子层分布与低辐照度相似，但重叠更为明显。

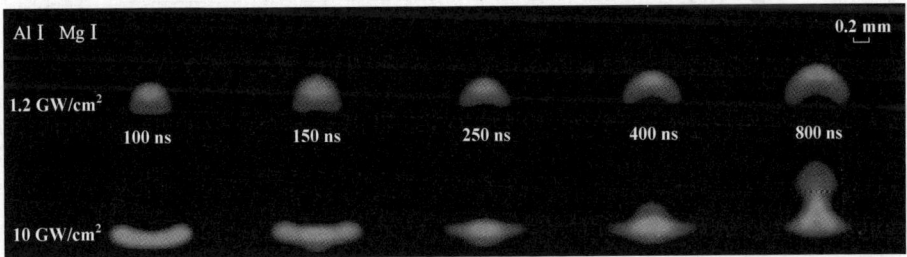

图 5.7 在 100 ns、150 ns、200 ns、400 ns 和 800 ns 时刻，1.2 GW/cm² 和 10 GW/cm² 的激光诱导 Al-Mg 合金产生的等离子体中 Al 和 Mg 原子的发射率图像

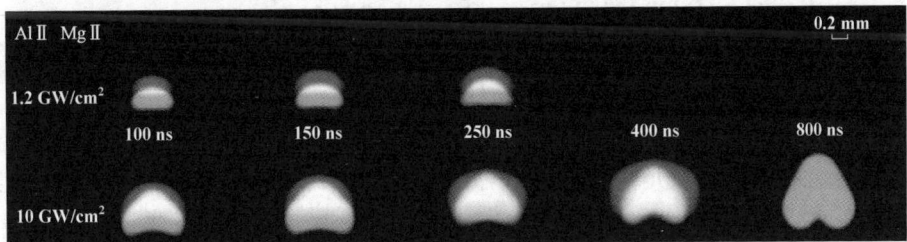

图 5.8 在 100 ns、150 ns、200 ns、400 ns 和 800 ns 时刻，1.2 GW/cm² 和 10 GW/cm² 的激光诱导 Al-Mg 合金产生的等离子体中 Al 和 Mg 离子的发射率图像

下面采用光谱诊断方法对上述结论进行验证。用 1.2 GW/cm² 和 10 GW/cm² 的激光产生等离子体，得到放大 6 倍的像，用光纤以 0.5 mm 的间隔沿着等离子体的 x 轴逐点扫描采集光谱，设置光谱采集延时 250 ns、门宽 100 ns。图 5.9 展示了 Mg I 518.36 nm 和 Al I 396.15 nm 沿等离子体 x 轴的原子谱线归一化强度。可以看出，在 1.2 GW/cm² 的激光辐照度下，Mg I 的最大强度出现在 x = 0.4 mm 处，Al I 的最大强度出现在 x = 0.3 mm 处，说明 Mg 粒子主要分布在 LSC 波型等离子体顶部。10 GW/cm² 激光辐照产生的等离子体中 Mg 和 Al 层分布差异不明显，其最大强度在轴向 0.4 mm 处。这可能是由于等离子体的膨胀，使得 250 ns 时粒子分布的差异不那么显著。该结果与图 5.7 中 250 ns 时 Mg 和 Al 原子的粒子分布一致。

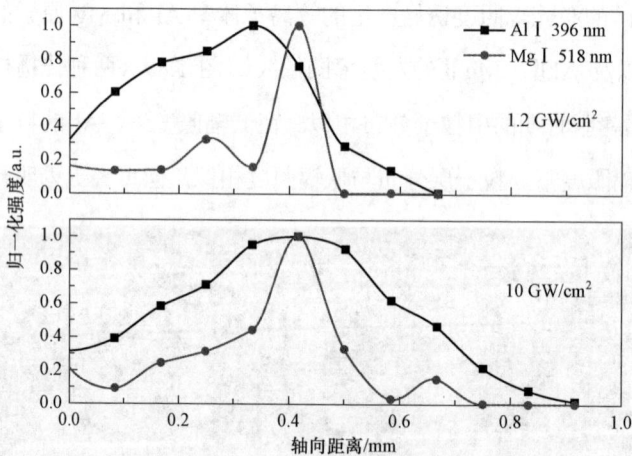

图 5.9　在 250 ns，1.2 GW/cm² 和 10 GW/cm² 的激光诱导产生的等离子体 x 轴的 Mg I 和 Al I 的归一化强度

在上一章，在激光烧蚀过程中，对于难溶混合金，熔点较低的元素粒子优先从样品中析出，分布在等离子体的外层。合金组成元素的熔点对难混溶合金产生的 LSC 波型等离子体中的粒子分布有很大影响，而对 LSD 波型等离子体，相对原子质量是决定等离子体中粒子分布的关键因素。然而本节使用的是易混溶合金，其物理性能与难混溶合金有所不同，它不具有液相分离特性。上述分布特征符合两种元素的物理性质（表 5.1）。对于 LSC 波型的等离

子体，一旦激光烧蚀区温度达到合金熔点，铝和镁将同时熔化。但 Mg（1 363 K）的沸点比 Al（2 740 K）低得多，Mg 粒子首先气化并分布在蒸汽等离子体的顶部。对于 LSD 波型的等离子体，高激光辐照度直接气化了合金表面的物质，粒子速度是影响粒子分布的最重要因素。Mg（24）的相对原子质量略低于 Al（27），因此 Mg 粒子层分布略高于 Al 粒子层并且重叠部分比较大。在这种情况下，在易混溶合金产生的 LSC 波型等离子体中，粒子的分布与沸点有关，而在 LSD 波型等离子体中，粒子的分布与相对原子质量有关。

## 5.5　本章小结

本章利用光谱-空间-时间分辨成像技术研究了氩气环境下二元易混溶合金激光诱导等离子体的结构和动力学特性。讨论了在不同烧蚀条件下，易混溶合金产生的等离子体中粒子分布与 LSA 波的关系以及粒子的寿命。在较低的激光辐照度下，当等离子体的传播呈 LSC 波时，粒子的衰减速度在很大程度上与跃迁概率有关，沸点是决定初始等离子体中相对粒子分布的关键。对于易混溶合金，所有的组成元素同时熔化，低沸点的元素粒子优先被汽化并分布在蒸汽等离子体的上部。在高激光辐照度下，当等离子体的传播表现出 LSD 波特性时，上能级的粒子数密度是影响粒子衰减速度的主要因素，相对原子质量是决定等离子体中相对粒子分布的关键。相对原子质量越小的粒子运动速度越快，分布在等离子体的上层。

# 第 6 章

# 总结与展望

　　本书采用时间、空间、光谱分辨瞬态粒子成像和时空分辨光谱层析技术，研究了在大气压下氩气环境中，激光诱导二元难/易混溶合金等离子体的结构和动力学特性。纳秒脉冲激光与等离子体有一种特定的后烧蚀作用，对发射光的时空演化和包括蒸汽和冲击气体在内的等离子体内部结构都有着巨大的影响。本研究团队对引起这种影响的机制很感兴趣。有许多文献中都使用简化模型或数值模拟讨论了激光诱导等离子体的传播过程，然而很少有实验数据显示多元素等离子体的内部结构和时空演化[38,39,42,87-89,91]。本研究团队采用等离子体瞬态成像的方法获得了等离子体清晰、详细的结构，因此可以在很长一段延时内（20～1 000 ns）区分来自样品和环境气体的中粒子的位置。等离子体时空演化的复杂性和对激光辐照度的依赖性得到了证明。

　　起初等离子体在环境气体中传播的结构通常由活塞模型描述。在这个模型中，激光脉冲以一种瞬时的方式将其能量沉积到样品中，从而形成烧蚀蒸汽和压缩环境气体的冲击波。该模型预测的等离子体结构是环境气体中烧蚀蒸汽超音速膨胀的结果。这种传播通过一系列的过程引起蒸汽和气体之间的相互作用：烧蚀蒸汽减速并达到热平衡，受冲击气体的加速和加热，最后是整个等离子体的冷却。这个模型只有在激光脉冲被认为是瞬时的情况下才有效。如果脉冲足够长，能够与初始等离子体相互作用，那么脉冲的尾部会被等离子体吸收——更准确地说，会被烧蚀蒸汽或冲击气体层吸收。在实验中，本研究团队将高、低两种辐照度激光的这种吸收效果进行了比较讨论。

对于低激光辐照度，激光脉冲通过后烧蚀作用被烧蚀蒸汽吸收。本研究团队认为在烧蚀蒸汽和冲击气体接触表面附近观察到的氩离子层是由 LSC 波传播到环境气体中产生的。LSC 波不会从根本上改变活塞模型所预测的结构和时间演化，因为它的传播速度与冲击气体相比仍然是亚音速的，受其影响的气体区域与冲击波影响的区域相比要小得多。在这种结构中，蒸汽和冲击气体的混合物被限制在接触区附近，温度和电子密度从中心（烧蚀蒸汽）到等离子体外层（冲击氩气层）有很大的梯度，此时密度梯度是引起扩散的主要因素。

对于高激光辐照度，冲击气体对激光脉冲的强烈吸收，导致 LSD 波的传播。此时等离子体的结构受氩电离区的影响而产生显著变化，氩电离区的范围比低辐照度等离子体大得多。在很短的时间内，电离气体向低密度区域的移动和扩散导致氩离子向样品移动，在蒸汽和冲击气体之间形成一个大的混合区域。等离子体动力学主要由该区域的性质决定，随着时间的推移，等离子体结构保持稳定。

在本书中，本研究团队通过研究易混溶合金和难混溶合金表面等离子体中粒子分布与 LSA 波类型和粒子寿命的关系，形成不同 LSA 波的传播机制下二元等离子体的时空演化机制：

1. 难混溶合金表面的 LSC 波型等离子体中的粒子分布受组成元素熔点的影响较大，而易混溶合金诱导的 LSC 波型等离子体中的物质分布则与沸点有关。在较低的激光辐照度下，等离子体的传播具有 LSC 波的特征，对于难混溶合金元素熔点是影响等离子体膨胀早期粒子分布的重要因素。熔点低的元素粒子会先脱离样品表面，膨胀过程中分布于蒸汽等离子体的上部。对于易混溶合金，所有的物质同时熔化，沸点较低的物质优先蒸发并分布在蒸汽等离子体的上部。

2. 不论合金是可混溶还是难混溶，LSD 波型等离子体中的粒子分布只与相对原子质量有关。在高激光辐照下等离子体传播表现出与 LSD 波相对应的特性，此时相对原子质量是决定等离子体中粒子相对分布的关键因素。相对原子质量越小的粒子运动速度越快，从而分布在等离子体的上壳层。

3. LSC 波型的等离子体中粒子衰减速度在很大程度上与跃迁概率有关，而 LSD 波型的等离子体中粒子衰减速度则与上能级的离子数密度有关。

综上所述，本书揭示了二元易混溶和难混溶合金表面等离子体中粒子分布与 LSA 波的关系，对这些机制的理解使我们能够更好地掌握等离子体性质，从而优化相关应用的使用。而更复杂材料产生的等离子体中的粒子分布值得进一步研究。

利用本书的方法，还可以计算不同时刻激光诱导等离子体中粒子数密度及吸收路径长度，探索自吸收效应产生和演化的机制，量化表征等离子体辐射谱线自吸收程度的方法，更加明确 SAF-LIBS 优于传统 LIBS 的原因。这部分内容已经展示在作者另一本著作中[164]，本书的重点不在此，所以没有具体介绍。

本研究团队的下一步计划：

1. 研究其他实验参数（不同激光辐照度与波长组合、环境气体种类及压力）对产生的等离子体性能的影响，进一步研究它们对 LIBS 技术分析性能（检测限、精度、准确性和重复性）的作用。

2. 研究双脉冲等离子体中粒子的时空演化，分析不同激发时序、双脉冲间隔的初始和再激发等离子体中 LSA 波的传播及特征，用空间分辨光谱层析技术获等离子体粒子、温度、电子密度、电离度的时空分布，结合烧蚀速率、能级等，阐明预烧蚀和再加热等离子体中粒子与环境气体间的动力学相互作用过程及双脉冲 LIBS 的增强机制。

3. 对比纳秒、皮秒和飞秒激光产生的激光诱导等离子体的时空演化机制。由于不同脉宽激光烧蚀机制不同，纳秒激光会与初始等离子体发生后烧蚀作用，而皮秒和飞秒激光不会发生这个过程，因此等离子体的传播方式不同，这三种等离子体在形态结构、粒子分布等方面应该也会不同。

# 参考文献

［1］ Honkimki V, Hmlinen K, Manninen S. Quantitative X-ray fluorescence analysis using fundamental parameters: application to gold jewelry ［J］. X Ray Spectrometry, 2015, 25: 215-220.

［2］ Galbács G, Jedlinszki N, Cseh G, et al. Accurate quantitative analysis of gold alloys using multi-pulse laser induced breakdown spectroscopy and a correlation-based calibration method ［J］. Spectrochimica Acta Part B Atomic Spectroscopy, 2008, 63: 591-597.

［3］ Naes B E, Umpierrez S, Ryland S, et al. A comparison of laser ablation inductively coupled plasma mass spectrometry, micro X-ray fluorescence spectroscopy, and laser induced breakdown spectroscopy for the discrimination of automotive glass ［J］. Spectrochimica Acta Part B Atomic Spectroscopy, 2008, 63: 1145-1150.

［4］ Fichet P, Tabarant M, Salle B, et al. Comparisons between LIBS and ICP/OES ［J］. Analytical & Bioanalytical Chemistry, 2006, 385: 338-44.

［5］ Mishima H, Yamamoto H, Sakae T. Scanning electron microscopy-energy dispersive spectroscopy and X-ray diffraction analyses of human salivary stones ［J］. Scanning Microscopy, 1992, 6: 493-4.

［6］ Galbács G. A critical review of recent progress in analytical laser-induced breakdown spectroscopy ［J］. Analytical & Bioanalytical Chemistry, 2015, 407: 7537-7562.

［7］ Hahn D W, Omenetto N. Laser-induced breakdown spectroscopy (LIBS), part Ⅱ: Review of instrumental and methodological approaches to material analysis and applications to different fields ［J］. Applied Spectroscopy, 2012, 66: 347-419.

［8］ Hahn D W, Omenetto N. Laser-induced breakdown spectroscopy (LIBS), part Ⅰ: Review of basic diagnostics and plasma-particle interactions: Still-challenging issues within the analytical plasma community ［J］. Applied Spectroscopy, 2010, 64: 335A-366A.

［9］ Wang Z, Yuan T B, Hou Z Y, et al. Laser-induced breakdown spectroscopy in China ［J］. Frontiers of Physics, 2014, 9: 1-19.

［10］ Dong F Z, Chen X L, Wang L X. Recent progress on the application of LIBS for metallurgical online analysis in China ［J］. Frontiers of Physics, 2012, 7: 679-689.

［11］ Haddad J E, Villot K M, IsmaëL A, et al. Artificial neural network for on-site quantitative analysis of soils using laser induced breakdown spectroscopy ［J］. Spectrochimica Acta Part B Atomic Spectroscopy, 2013: 51-57.

［12］ Noll R, Sturm V, Aydin Ü, et al. Laser induced breakdown spectroscopy From research to industry, new frontiers for process control［J］. Spectrochimica Acta Part B Atomic Spectroscopy, 2008, 63: 1159-1166.

［13］ Yao S C, Xu J L, Dong X, et al. Optimization of laser-induced breakdown spectroscopy for coal powder analysis with different particle flow diameters ［J］. Spectrochimica Acta Part B Atomic Spectroscopy, 2015, 110: 146-150.

［14］ Lithgow G A, Robinson A L, Buckley S G. Ambient measurements of metal-containing PM 2. 5 in an urban environment using laser-induced breakdown spectroscopy ［J］. Atmospheric Environment, 2004, 38: 3319-3328.

［15］ Bruder R, Detalle V, Coupry C. An example of the complementarity of laser-induced breakdown spectroscopy and raman microscopy for wall painting pigments analysis [J]. Journal of Raman Spectroscopy, 2010, 38: 909-915.

[16] Fortes F J, Cunat J, Cabalín L M, et al. In situ analytical assessment and chemical imaging of historical buildings using a man-portable laser system [J]. Applied Spectroscopy, 2007, 61: 558-564.

[17] Ferretti M, Cristoforetti G, Legnaioli S, et al. In situ study of the Porticello Bronzes by portable X-ray fluorescence and laser-induced breakdown spectroscopy [J]. Spectrochimica Acta Part B Atomic Spectroscopy, 2007, 62: 1512-1518.

[18] Thornton B, Takahashi T, Sato T, et al. Development of a deep-sea laser-induced breakdown spectrometer for in situ multi-element chemical analysis [J]. Deep-Sea Research Part I , 2015, 95: 20-36.

[19] Rai A K, Yueh F Y, Singh J P. Laser induced breakdown spectroscopy of molten aluminum alloy [J]. Applied Optics, 2003, 42: 2078-2084.

[20] Bulajic D, G. Cristoforetti, M. Corsi, et al. Diagnostics of high-temperature steel pipes in industrial environment by laser-induced breakdown spectroscopy technique: the LIBSGRAIN project [J]. Spectrochimica Acta Part B: Atomic Spectroscopy, 2002, 57: 1181-1192.

[21] Li G, Feng C L, Oderji H Y, et al. Review of LIBS application in nuclear fusion technology [J]. Frontiers of Physics, 2016, 6: 257-272.

[22] Chinni R C, Cremers D A, Radziemski L J, et al. Detection of uranium using laser induced breakdown spectroscopy [J]. Applied Spectroscopy, 2009, 63: 1238.

[23] Gottfried J L, Lucia F C D, Munson C A, et al. Laser-induced breakdown spectroscopy for detection of explosives residues: A review of recent advances, challenges, and future prospects [J]. Analytical and Bioanalytical

Chemistry, 2009, 395: 283-300.

[24] Lazic V, Palucci A, Jovicevic S, et al. Analysis of explosive and other organic residues by laser induced breakdown spectroscopy[J]. Spectrochimica Acta Part B Atomic Spectroscopy, 2009, 64: 1028-1039.

[25] Brech F, Cross L. Optical micro emission stimulated by a ruby laser [J]. Applied Spectroscopy, 1962, 16: 59-65.

[26] Damon E K, Tomlinson R G. Observation of ionization of gases by a ruby laser [J]. Applied Optics, 1963, 2: 546.

[27] Meyerand R G, Haught A F. Gas breakdown at optical frequencies [J]. Physical Review Letters, 1963, 11: 401-403.

[28] Debras G J, Liodec N. De l' utilisation du faisceau d' un amplificateur a ondes lumineuses par emission induite de rayonnement (laser á rubis), comme source énergétique pour l' excitation des spectres d' émission des elements [J]. Comptes Rendus de l'Académie des Sciences, 1963, 257: 3336-3339.

[29] Runge E F, Minck R W, Bryan F R. Spectrochemical analysis using a pulsed laser source [J]. Spectrochimica Acta, 1964, 20: 733-736.

[30] Raizer Y P. Laser induced discharge phenomena [M]. New York: Consultant Bureau, 1977.

[31] Morgan C G. Laser-induced breakdown of gases [J]. Reports on Progress in Physics, 1975, 38: 621.

[32] Biberman L M, Norman G E. Continuous spectra of atomic gases and plasma [J]. Uspekhi Fizicheskih Nauk, 1967, 10: 52-90.

[33] Ready J F. Effects of high-power laser radiation [M]. Orlando: New York: Academic Press, 1971.

[34] Radziemski L J, Cremers D A, Loree T R. Detection of beryllium by laser-induced-breakdown spectroscopy [J]. Spectrochimica Acta Part B

Atomic Spectroscopy, 1983, 38: 349-355.

[35] Cremers D A, Radziemski L J. Detection of chlorine and fluorine in air by laser-induced breakdown spectroscopy [J]. Analytical Chemistry, 1983, 55.

[36] Millard J A, Dalling R H, Radziemski L J. Time-resolved laser-induced breakdown spectrometry for the rapid determination of beryllium in beryllium-copper alloys [J]. Applied Spectroscopy, 1986, 40: 491-494.

[37] Essien M, Radziemski L J, Sneddon J. Detection of cadmium, lead and zinc in aerosols by laser-induced breakdown spectrometry [J]. Journal of Analytical Atomic Spectrometry, 1988, 3: 985.

[38] Harilal S S, Miloshevsky G V, Diwakar P K, et al. Experimental and computational study of complex shockwave dynamics in laser ablation plumes in argon atmosphere [J]. Physics of Plasmas, 2012, 19: 083303.

[39] Pietanza L D, Colonna G, Giacomo A D, et al. Kinetic processes for laser induced plasma diagnostic: A collisional-radiative model approach [J]. Spectrochimica Acta Part B Atomic Spectroscopy, 2010, 65: 616-626.

[40] Cristoforetti G, Giacomo A D, Dell'Aglio M, et al. Local thermodynamic equilibrium in laser-induced breakdown spectroscopy: beyond the McWhirter criterion [J]. Spectrochimica Acta Part B: Atomic Spectroscopy, 2010, 65: 86-95.

[41] Gornushkin I B, Stevenson C L, Smith B W, et al. Modeling an inhomogeneous optically thick laser induced plasma: A simplified theoretical approach [J]. Spectrochimica Acta Part B: Atomic Spectroscopy, 2001.

[42] Min Q, Su M, Cao S, et al. Radiation properties and hydrodynamics evolution of highly charged ions in laser-produced silicon plasma [J]. Optics Letters, 2016, 41: 5282-5285.

[43] 苏茂根, 敏琦, 曹世权, 等. 高电荷态锡离子极真空紫外波段自吸收光

谱轮廓的细致分析［J］. 中国科学（物理学 力学 天文学），2017，47：54-61.

［44］Fu C L, Wang Q, Ding H B. Numerical simulation of laser ablation of molybdenum target for laser-induced breakdown spectroscopic application ［J］. Plasma Science and Technology, 2018, 20: 62-68.

［45］Tognoni E, Cristoforetti G. Basic mechanisms of signal enhancement in ns double-pulse laser-induced breakdown spectroscopy in a gas environment ［J］. Journal of Analytical Atomic Spectrometry, 2014, 29: 1318-1338.

［46］Nassef O A, Elsayed A H E. Spark discharge assisted laser induced breakdown spectroscopy ［J］. Spectrochimica Acta Part B Atomic Spectroscopy, 2005, 60: 1564-1572.

［47］Harilal S. Comparison of nanosecond and femtosecond LIBS ［C］. Proceedings of the Cleo, 2013.

［48］Freeman J R, Harilal S S, Diwakar P K, et al. Comparison of optical emission from nanosecond and femtosecond laser produced plasma in atmosphere and vacuum conditions ［J］. Spectrochimica Acta Part B Atomic Spectroscopy, 2013, 87: 43-50.

［49］Wang Z, Hou Z, Lui S L, et al. Utilization of moderate cylindrical confinement for precision improvement of laser-induced breakdown spectroscopy signal ［J］. Optics Express, 2012, 20 (6): A1011.

［50］Li J, Lu J, Lin Z, et al. Effects of experimental parameters on elemental analysis of coal by laser-induced breakdown spectroscopy ［J］. Optics & Laser Technology, 2009, 41: 907-913.

［51］Bai Y, Zhang L, Hou J, et al. Concentric multipass cell enhanced double-pulse laser-induced breakdown spectroscopy for sensitive elemental analysis ［J］. Spectrochimica Acta Part B Atomic Spectroscopy, 2020, 168: 105851.

［52］ Ciucci, A. , Corsi, et al. New procedure for quantitative elemental analysis by laser-induced plasma spectroscopy ［J］. Applied Spectroscopy, 1999, 53: 960-964.

［53］ Koujelev A, Sabsabi M, Motto R V, et al. Laser-induced breakdown spectroscopy with artificial neural network processing for material identification ［J］. Planetary & Space Science, 2010, 58: 682-690.

［54］ Zhang T, Wu S, Dong J, et al. Quantitative and classification analysis of slag samples by laser induced breakdown spectroscopy (LIBS)coupled with support vector machine (SVM)and partial least square (PLS)methods ［J］. Journal of Analytical Atomic Spectrometry, 2015, 30: 368-374.

［55］ De Giacomo A, Gaudiuso R, Koral C, et al. Nanoparticle-enhanced laser-induced breakdown spectroscopy of metallic samples ［J］. Analytical Chemistry, 2013, 85: 10180-10187.

［56］ Bocková J, Tian Y, Yin H, et al. Determination of metal elements in wine using laser-induced breakdown spectroscopy (LIBS) ［J］. Applied Spectroscopy, 2017, 71: 1-10.

［57］ Xiu J, Dong L, Qin H, et al. Investigation of the matrix effect on the accuracy of quantitative analysis of trace metals in liquids using laser-induced breakdown spectroscopy with solid substrates ［J］. Applied Spectroscopy, 2016, 70: 2016-2024.

［58］ Sautter V, Toplis M J, Wiens R C, et al. In situ evidence for continental crust on early Mars ［J］. Nature Geoscience, 2015, 8: 605-609.

［59］ Bublitz J, Dölle C, Schade W, et al. Laser‐induced breakdown spectroscopy for soil diagnostics ［J］. European Journal of Soil Science, 2010, 52: 305-312.

［60］ J. Kaiser, O. Samek, L. Reale, et al. Monitoring of the heavy-metal hyperaccumulation in vegetal tissues by X-ray radiography and by femto-second laser induced breakdown spectroscopy [J]. Microscopy Research and Technique, 2007, 70: 147.

[61] Mcmillan N J, Harmon R S, Lucia F C D, et al. Laser-induced breakdown spectroscopy analysis of minerals: Carbonates and silicates [J]. Spectrochimica Acta Part B Atomic Spectroscopy, 2007, 62: 1528-1536.

[62] Baudelet M, Yu J, Bossu M, et al. Discrimination of microbiological samples using femtosecond laser-induced breakdown spectroscopy [J]. Applied Physics Letters, 2006, 89: 6205.

[63] Dockery C R, Goode S R. Laser-induced breakdown spectroscopy for the detection of gunshot residues on the hands of a shooter [J]. Applied Optics, 2003, 42: 6153-8.

[64] Singh V K, Rai A K. Potential of laser-induced breakdown spectroscopy for the rapid identification of carious teeth [J]. Lasers Med, 2011, 26: 307-315.

[65] Xiao Q, Hai R, Ding H, et al. In-situ analysis of the first wall by laser-induced breakdown spectroscopy in the TEXTOR tokamak: Dependence on the magnetic field strength[J]. Journal of Nuclear Materials, 2015, 463: 911-914.

[66] Shi Y Z, Zhang Y, Sun L X. Metal identification based on laser-induced breakdown spectroscopy and bp neural network [J]. DEStech Transactions on Engineering and Technology Research, 2017.

[67] Jinjia G, Yuan L, Kai C, et al. Development of a compact underwater laser-induced breakdown spectroscopy (LIBS)system and preliminary results in sea trials [J]. Applied Optics, 2017, 56: 8196.

[68] Hou Z, Zhe W, Yuan T, et al. A hybrid quantification model and its application for coal analysis using laser induced breakdown spectroscopy [J]. Journal of Analytical Atomic Spectrometry, 2016, 31: 722-736.

[69] Yao S, Shen Y, Yin K, et al. Rapidly measuring unburned carbon in fly ash

using molecular CN by laser-induced breakdown spectroscopy [J]. Energy & Fuels, 2015, 29: 1257-1263.

[70] Lei Z, Gong Y, Li Y, et al. Development of a coal quality analyzer for application to power plants based on laser-induced breakdown spectroscopy [J]. Spectrochimica Acta Part B Atomic Spectroscopy, 2015: 167-173.

[71] Wang Q Q, Huang Z W, Liu K, et al. Classification of plastics with laser-induced breakdown spectroscopy based on principal component analysis and artificial neural network model [J]. Spectroscopy & Spectral Analysis, 2012.

[72] Giacomo A D, Dell"Aglio M, Bruno D, et al. Experimental and theoretical comparison of single-pulse and double-pulse laser induced breakdown spectroscopy on metallic samples [J]. Spectrochimica Acta Part B Atomic Spectroscopy, 2008, 63: 805-816.

[73] Judge E J, Colgan J, Campbell K, et al. Theoretical and experimental investigation of matrix effects observed in emission spectra of binary mixtures of sodium and copper and magnesium and copper pressed powders [J]. Spectrochimica Acta Part B Atomic Spectroscopy, 2016, 122: 142-148.

[74] Hou J J, Zhang L, Zhao Y, et al. Resonance/non-resonance doublet-based self-absorption-free LIBS for quantitative analysis with a wide measurement range [J]. Optics Express, 2019, 27.

[75] Hou J J, Zhang L, Zhao Y, et al. Rapid selection of analytical lines for SAF-LIBS based on the doublet intensity ratios at the initial and final stages of plasma [J]. Optics Express, 2019, 27: 32184.

[76] Hou J J, Zhang L, Zhao Y, et al. Laser-induced plasma characterization through self-absorption quantification [J]. Journal of Quantitative Spectroscopy and Radiative Transfer, 2018, 213: 143-148.

[77] Hou J J, Zhang L, Zhao Y, et al. Mechanisms and efficient elimination

approaches of self-absorption in LIBS [J]. Plasma Science and Technology, 2018, 21: 034016.

[78] Hou J J, Zhang L, Yin W B, et al. Investigation on spatial distribution of optically thin condition in laser-induced aluminum plasma and its relationship with temporal evolution of plasma characteristics [J]. Journal of Analytical Atomic Spectrometry, 2017, 32: 1519-1526.

[79] Hou J J, Zhang L, Yin W B, et al. Development and performance evaluation of self-absorption-free laser-induced breakdown spectroscopy for directly capturing optically thin spectral line and realizing accurate chemical composition measurements [J]. Optics Express, 2017, 25: 23024-23034.

[80] Wang J X, Zhang L, Wang S Q, et al. Numerical simulation of laser-induced plasma in background gas considering multiple interaction processes [J]. Plasma Science and Technology, 2021, 23: 035001.

[81] Krebs H U, Weisheit M, Faupel J, et al. Pulsed Laser Deposition (PLD)-a versatile thin film technique [J]. Advances in Solid State Physics, 2003, 1: 505-518.

[82] Lowndes D H, Geohegan D B, Puretzky A A, et al. Synthesis of novel thin-film materials by pulsed laser deposition [J]. Science, 1996, 273: 898-903.

[83] 王金斌，刘秋香，杨国伟，等. 液体中激光烧蚀固体靶制备纳米晶金刚石 [J]. 高压物理学报，1998（4）：64-67.

[84] Sforza P, Blasiis D D, Lombardo V, et al. Three-module sensor for $CO_2$ laser welding and cutting processes [J]. Proceedings of SPIE-The International Society for Optical Engineering, 1997, 8: 97-107.

[85] Michaelis M M, Moorgawa A, Forbes A, et al. Laser propulsion experiments in South Africa [J]. Proceedings of SPIE-The International Society for Optical Engineering, 2002, 9: 691-699.

[86] Tyrrell G C, York T, Cherief N, et al. Kinetic energy and mass distribution of ablated species formed during pulsed laser deposition [J]. Microelectronic Engineering, 1994, 25: 247-252.

[87] Sedov L I, Friedman M, Holt M, et al. Similarity and dimensional methods in mechanics [J]. Journal of Applied Mechanics, 1982, 28: 159.

[88] Arnold N, Gruber J, Heitz J. Spherical expansion of the vapor plume into ambient gas: an analytical model[J]. Applied Physics A, 1999, 69: S87-S93.

[89] Angleraud B, Girault C, Champeaux C, et al. Study of the expansion of the laser ablation plume above a boron nitride target [J]. Applied Surface Science, 1996, 96-98: 117-121.

[90] Yu J, Ma Q, Mottoros V, et al. Generation and expansion of laser-induced plasma as a spectroscopic emission source[J]. Frontiers of Physics, 2012, 7: 649-669.

[91] Root R G. Post-breakdown phenomena in laser-induced plasmas and applications[C]//Radziemski L J, Cremers D A. Laser-induced plasmas and applications Modeling of New York: Dekker, 1989.

[92] Cristoforetti G, Lorenzetti G, Legnaioli S, et al. Investigation on the role of air in the dynamical evolution and thermodynamic state of a laser-induced aluminium plasma by spatial-and time-resolved spectroscopy [J]. Spectrochimica Acta Part B Atomic Spectroscopy, 2010, 65: 787-796.

[93] Al-Wazzan R A, Hendron J M, Morrow T. Spatially and temporally resolved emission intensities and number densities in low temperature laser-induced plasmas in vacuum and in ambient gases [J]. Applied Surface Science, 1996, 96: 170-174.

[94] Monge E M, Aragón C, Aguilera J A. Space-and time-resolved measurements of temperatures and electron densities of plasmas formed during laser ablation of metallic samples [J]. Applied Physics A, 1999, 69:

S691-S694.

[95] Aguilera J A, Aragón C, Bengoechea J. Spatial characterization of laser-induced plasmas by deconvolution of spatially resolved spectra [J]. Applied Optics, 2003, 42: 5938-46.

[96] Aguilera J A, Aragón C. Characterization of a laser-induced plasma by spatially resolved spectroscopy of neutral atom and ion emissions: Comparison of local and spatially integrated measurements [J]. Spectrochimica Acta Part B Atomic Spectroscopy, 2004, 59: 1861-1876.

[97] Aragon C, Penalba F, Aguilera J A. Spatial characterization of laser-induced plasmas: distributions of neutral atom and ion densities [J]. Applied Physics A, 2004, 79: 1145-1148.

[98] Multari R A, Foster L E, Cremers D A, et al. Effect of sampling geometry on elemental emissions in laser-induced breakdown spectroscopy [J]. Applied Spectroscopy, 1996, 50: 1483-1499.

[99] Bulatov V, Xu L, Schechter I. Spectroscopic imaging of laser-induced plasma [J]. Analytical Chemistry, 1996, 68: 2966-2973.

[100] Motto R V, Ma Q L, Grégoire S, et al. Dual-wavelength differential spectroscopic imaging for diagnostics of laser-induced plasma [J]. Spectrochimica Acta Part B: Atomic Spectroscopy, 2012, 74-75: 11-17.

[101] Ma Q, Motto R V, Bai X, et al. Experimental investigation of the structure and the dynamics of nanosecond laser-induced plasma in 1-atm argon ambient gas [J]. Applied Physics Letters, 2013, 103: 1772-103.

[102] Bai X, Cao F, Motto-Ros V, et al. Morphology and characteristics of laser-induced aluminum plasma in argon and in air: A comparative study [J]. Spectrochimica Acta Part B Atomic Spectroscopy, 2015, 113: 158-166.

[103] Bai X, Ma Q, Perrier M, et al. Experimental study of laser-induced plasma:

Influence of laser fluence and pulse duration [J]. Spectrochimica Acta Part B Atomic Spectroscopy, 2013, 87: 27-35.

[104] Gornushkin I B, Panne U. Radiative models of laser-induced plasma and pump-probe diagnostics relevant to laser-induced breakdown spectroscopy [J]. Spectrochimica Acta Part B Atomic Spectroscopy, 2010, 65: 345-359.

[105] Horowitz G, Peng X, Fichou D, et al. The oligothiophene-based field-effect transistor: How it works and how to improve it [J]. Journal of Applied Physics, 1990, 67: 528-532.

[106] 李银安，张友鹤，王新新，等. 等离子体的定义问题 [J]. 物理，1992，21（12）：5.

[107] Wagatsuma K. Emission characteristics of mixed gas plasmas in low-pressure glow discharges [J]. Spectrochimica Acta Part B Atomic Spectroscopy, 2001, 56: 465-486.

[108] Adams J, Aggarwal M M, Ahammed Z, et al. Experimental and theoretical challenges in the search for the quark-gluon plasma: The STAR Collaboration's critical assessment of the evidence from RHIC collisions [J]. Nuclear Physics A, 2005, 757: 102-183.

[109] Kohyama Y, Itoh N, Munakata H. Neutrino energy loss in stellar interiors. II-Axial-vector contribution to the plasma neutrino energy loss rate [J]. Astrophysical Journal, 1986, 310: 815-819.

[110] Sadoqi M, Kumar S, Yamada Y. Photochemical and Photothermal Model for Pulsed-Laser Ablation [J]. Journal of Thermophysics & Heat Transfer, 2002, 16: 193-199.

[111] Luk'Yanchuk B S, Bityurin N M, Malyshev A Y, et al. Photophysical ablation [Z]. Proceedings of SPIE-The International Society for Optical Engineering, 1998

[112] Kittel C. Introduction to Solid State Physics [M]. Hoboken: John Wiley &

Sons Inc, 2005.

［113］Bogaerts A, Chen Z, Gijbels R, et al. Laser ablation for analytical sampling: What can we learn from modeling? ［J］. Spectrochimica Acta Part B Atomic Spectroscopy, 2003, 58: 1867-1893.

［114］Singh R K, Narayan J. A novel method for simulating laser-solid interactions in semiconductors and layered structures ［J］. Materials Science & Engineering B, 1989, 3: 217-230.

［115］Mao X, Russo R E. Observation of plasma shielding by measuring transmitted and reflected laser pulse temporal profiles［J］. Applied Physics a Materials Science and Proccessing, 1997.

［116］Landauetalwrited L D. The Classical Theory of Fields ［M］. Oxford: Pergamon Press, 1975.

［117］Wen S B, Mao X, Greif R, et al. Radiative cooling of laser ablated vapor plumes: Experimental and theoretical analyses ［J］. Journal of Applied Physics, 2006, 100: 12076.

［118］Menzel D H, Pekeris C L. Absorption coefficients and hydrogen line intensities ［J］. Monthly Notices of the Royal Astronomical Society, 1935, 96: 77.

［119］Biberman L M, Norman G E. On the calculation of photoionization absorption ［J］. Optics Spectrosc, 1960, 8: 230.

［120］Biberman L M, Norman G E, Ulyanov K N. On the calculation of photoionization absorption in atomic gases ［J］. Optics and Spectroscopy, 1961, 10: 297.

［121］Griem H R. Plasma Spectroscopy ［M］. New York: McGraw-Hill, 1964.

［122］Mullen V D, J. A M. On the atomic state distribution function in inductively coupled plasmas-Ⅱ. The stage of local thermal equilibrium and its validity region ［J］. Spectrochimica Acta Part B Atomic

Spectroscopy, 1990, 45: 1-13.

［123］ Capitelli M, Capitelli F, Eletskii A. Non-equilibrium and equilibrium problems in laser-induced plasmas［J］. Spectrochimica Acta Part B Atomic Spectroscopy, 2000, 55: 559-574.

［124］ Miziolek A W, Palleschi V, Schechter I. Laser-induced breakdown spectroscopy. ［M］. Cambridge: Cambridge University Press, 2006.

［125］ Drawin H W. Validity conditions for local thermodynamic equilibrium［J］. Zeitschrift Für Physik, 1969, 228: 99-119.

［126］ 刘杨. 样品温度对激光诱导等离子体膨胀动力学的影响［D］. 长春: 吉林大学，2017.

［127］ Lochte H W. Evalution of Plasma Parameter in Plasma Diagnostics ［M］. North-Holland: Amsterdam, 1968.

［128］ Man B Y, Dong Q L, Liu A H, et al. Linc-broadening analysis of plasma emission produced by laser ablation of metal Cu ［J］. Journal of Optics A Pure and Applied Optics, 2003, 6: 17.

［129］ Gornushkin I B, King L A, Smith B W, et al. Line broadening mechanisms in the low pressure laser-induced plasma ［J］. Spectrochimica Acta Part B: Atomic Spectroscopy, 1999.

［130］ Gornushkin I B, Anzano J M, King L A, et al. Curve of growth methodology applied to laser-induced plasma emission spectroscopy ［J］. Spectrochimica Acta Part B Atomic Spectroscopy, 1999, 54: 491-503.

［131］ Konjević N, Roberts J R. A critical review of the Stark widths and shifts of spectral lines from non-hydrogenic atoms ［J］. Journal of Physical & Chemical Reference Data, 1976, 5: 209-257.

［132］ Konjević N, Ivković M, Jovićević S. Spectroscopic diagnostics of laser-induced plasmas ［ J ］ . Spectrochimica Acta Part B: Atomic Spectroscopy, 2010, 65: 593-602.

［133］ Aragón C, Aguilera J A. Characterization of laser induced plasmas by optical emission spectroscopy: A review of experiments and methods ［J］. Spectrochimica Acta Part B: Atomic Spectroscopy, 2008, 63: 893-916.

［134］ Sherbini A M E, Sherbini T M E, Hegazy H, et al. Evaluation of self-absorption coefficients of aluminum emission lines in laser-induced breakdown spectroscopy measurements ［J］. Spectrochimica Acta Part B Atomic Spectroscopy, 2005, 60: 1573-1579.

［135］ Shirvani-Mahdavi H, Shoursheini S Z, Gholami H, et al. Calibration-free laser-induced plasma analysis of a metallic alloy with self-absorption correction ［J］. Applied Physics B, 2014, 117: 823-832.

［136］ Griem H R. Plasma Spectroscopy ［M］. New York: McGraw-Hill, 1964.

［137］ Aragón C, Penalba F, Aguilera J A. Spatial distributions of the number densities of neutral atoms and ions for the different elements in a laser induced plasma generated with a Ni-Fe-Al alloy ［J］. Analytical & Bioanalytical Chemistry, 2006, 385: 295-302.

［138］ Treado P J, Levin I W, Lewis E N. High-fidelity raman imaging spectrometry: a rapid method using an acousto-optic tunable filter ［J］. Applied Spectroscopy, 1992, 46: 1211-1216.

［139］ Corsi M, Cristoforetti G, Giuffrida M, et al. Three-dimensional analysis of laser induced plasmas in single and double pulse configuration ［J］. Spectrochimica Acta Part B Atomic Spectroscopy, 2004, 59: 723-735.

［140］ Giacomo A D, Dell'Aglio M, Gaudiuso R, et al. Spatial distribution of hydrogen and other emitters in aluminum laser-induced plasma in air and consequences on spatially integrated Laser-Induced Breakdown Spectroscopy measurements ［J］. Spectrochimica Acta Part B Atomic Spectroscopy, 2008.

［141］ Giacomo A D, Dell A M, Santagata A, et al. Early stage emission spectroscopy study of metallic titanium plasma induced in air by femtosecond-and nanosecond-laser pulses [J]. Spectrochimica Acta Part B Atomic Spectroscopy, 2005, 60: 935-947.

[142] Boueri M, Baudelet M, Yu J, et al. Early stage expansion and time-resolved spectral emission of laser-induced plasma from polymer [J]. Applied Surface Science, 2009, 255: 9566-9571.

[143] Ran P, Hou H, Luo S. Molecule formation induced by non-uniform plume-air interactions in laser induced plasma [J]. Journal of Analytical Atomic Spectrometry, 2017, 32: 2254-2262.

[144] 赵洋, 张雷, 尹王保, 等. 等离子体中粒子分布的瞬态成像方法及装置 [P]. 中国专利: 201811437879, 2018.

[145] Ma S, Gao H, Wu L. Modified Fourier-Hankel method based on analysis of errors in Abel inversion using Fourier transform techniques [J]. Applied Optics, 2008, 47: 1350-1357.

[146] Keefer D R, Smith L M, Sudharsanan S I. Abel inversion using transform techniques [J]. Journal of Quantitative Spectroscopy and Radiative Transfer, 1988, 39: 367-373.

[147] Sáinz A, Díaz A, Casas D, et al. Abel inversion applied to a small set of emission data from a microwave plasma [J]. Applied Spectroscopy, 2006, 60: 229-236 (8).

[148] Dribinski V, Ossadtchi A, Mandelshtam V A, et al. Reconstruction of Abel-transformable images: The Gaussian basis-set expansion Abel transform method [J]. Review of Scientific Instruments, 2006, 73: 2634-2642.

[149] Whitaker B J. Imaging in Molecular Dynamics [M]. Cambridge: Cambridge U. Press, 2003.

[150] Dong J Y, Kearney R J. Symmetrizing, filtering and abel inversion using

fourier transform techniques [J]. Journal of Quantitative Spectroscopy and Radiative Transfer, 1991, 46: 141-149.

[151] Buie M J, Pender J T P, Holloway J P, et al. Abel's inversion applied to experimental spectroscopic data with off axis peaks [J]. Journal of Quantitative Spectroscopy & Radiative Transfer, 1996, 55: 231-243.

[152] Álvarez R, Rodero A, Quintero M C. An Abel inversion method for radially resolved measurements in the axial injection torch [J]. Spectrochimica Acta Part B Atomic Spectroscopy, 2002, 57: 1665-1680.

[153] Candel S M. An algorithm for the Fourier-Bessel transform [J]. Computer Physics Communications, 1981, 23: 343-353.

[154] Giacomo A D, Gaudiuso R, Dell A M, et al. The role of continuum radiation in laser induced plasma spectroscopy [J]. Spectrochimica Acta Part B Atomic Spectroscopy, 2010, 65: 385-394.

[155] Borisov O V, Mao X L, Fernandez A, et al. Inductively coupled plasma mass spectrometric study of non-linear calibration behavior during laser ablation of binary Cu–Zn Alloys [J]. Spectrochimica Acta Part B Atomic Spectroscopy, 1999, 54: 1351-1365.

[156] Outridge P M, Doherty W, Gregoire D C. The formation of trace element-enriched particulates during laser ablation of refractory materials [J]. Spectrochimica Acta Part B: Atomic Spectroscopy, 1996, 51: 1451-1462.

[157] Cromwell E F, Arrowsmith P. Fractionation effects in laser ablation inductively coupled plasma mass spectrometry [J]. Applied Spectroscopy, 1995, 49: 1652-1660.

[158] Min Q, Su M, Cao S, et al. Dynamics characteristics of highly-charged ions in laser-produced SiC plasmas [J]. Optics Express, 2018, 26: 7176.

[159] Babushok V I, DeLucia F C, Dagdigian P J, et al. Kinetic modeling of the

laser-induced breakdown spectroscopy plume from metallic lead［J］. Applied optics, 2003, 42: 5947-5962.

［160］李俊彦，陆继东，李军，等. 不同硬度受热面材料的激光诱导等离子体光谱特性分析［J］. 中国激光，2011，38（8）：6.

［161］阎吉祥. 激光诱导荧光机理研究［J］. 北京理工大学学报，2000，20（2）：229-231.

［162］刘世炳，刘院省，何润，等. 纳秒激光诱导铜等离子体中原子激发态 5s′ 4D7/2 的瞬态特性研究［J］. 物理学报，2010（8）：5.

［163］王阳恩. 延迟时间对灰岩激光诱导击穿光谱的影响［J］. 光谱学与光谱分析，2013（5）：5.

［164］尹王保，张雷，侯佳佳，等. 自吸收免疫激光诱导击穿光谱理论与技术［M］. 北京：清华大学出版社，2023.